JN074204

# 雷と雷雲の科学

## 雷から身を守るには

北川信一郎 著

森北出版株式会社

# ま　え　が　き

　夜空を彩る電光，猛暑に冷気をもたらす驟雨，雷は夏の風物詩として人々に親しまれている．同時に，登山，スポーツ，屋外行事では，落雷から身を守ることが大切な課題である．また落雷が原因で停電がおきると，家の中が真っ暗になるだけでなく，交通信号が消えて街の交通が麻痺し，駅の切符販売機，銀行の現金自動支払機がストップする．電力系統の雷害防止は，電気工学の大きい課題の一つとなっている．

　「雷」は，最も多くの人々に興味と関心をもたれている自然現象の一つである．「雷とは何か？」　この問いに科学的に答えるのが本書の目的である．夏の風物詩として雷を楽しむ人々，電光や雷鳴を怖がる人々，屋外スポーツで雷から身を守ろうとする人々 ── 雷に関心をもつすべての人々に，「雷と雷雲」の最新の知識を提供することが，本書の第一目的である．そして，雷害防止問題に関与する電気工学，気象学の専門家，大学や専門学校で専門知識を学ぼうとする人々に，「雷と雷雲」に関する基礎的な科学知識を提供することが，本書の第二目的である．

　第一目的の読者には，まず第1章，第2章，第8章を読むことをお勧めする．第1章は序章で，第2章は概略であるが，「雷とは何か？」に答えている．第8章は，落雷から身を守ろうとする人々に，最新の知識と有効な安全対策を提供する．この3章に目を通した上で，さらに興味のある項目を，目次から拾い上げて読み進んで頂きたい．誰もが興味をもつ「雷の電気はどのように発電されるか？」という問題は，第5章で扱われている．

　第二目的の読者のために，引用図面や重要な記述には，[　]で番号を記入し，その出処を示す一覧表を巻末に掲げた．出処の表示は下の様式とした．

論文　　　著者：題目，掲載誌略号，巻（あるいは号，記号），頁（発行年）
単行本　　著者：書名，出版社，都市名（発行年）
　欧文名の著者は原名を記載し，第一著者は姓(family name)を先に，名(given

name) の第一文字を後に表示した．邦人が，英文で文献を著しているときは，著者名は用いられたローマ字表示を記載した．また単行本から引用した図面には掲載された頁を付記した．

　学術用語は，最初に掲載するとき太字であらわし，その後も必要に応じて太字書にした．学術用語の定義を述べる個所にはアンダーラインをつけた．本書では，単位は国際単位系（System International d'Unite：略号 SI）を採用し，その単位記号を用いた．国際単位系 (SI) は，長さ m（メートル），質量 kg（キログラム），時間 s（秒），電流 A（アンペア），熱力学温度 K（ケルビン），物質量 mol（モル），および光度 cd（カンデラ）の 7 基本単位と平面角 rad（ラジアン），立体角 sr（ステラジアン）の 2 補助単位から構成され，他の単位は基本単位，補助単位の組み合わせで表示される．本書では，国際単位系 (SI) が定めた単位記号を使用し，読者になじみが薄いと考えられる単位記号 C および F には，括弧で囲んでその邦訳を付記した．すなわち，C（クーロン）および F（ファラド）と記した．

　比較的頻繁に使われる単位について，国際単位系 (SI) の単位記号，邦訳名，基本単位の組合わせによる表示を一覧表にして，目次のあとに掲載した．この表で $s^{-1}$, $s^{-2}$, $s^{-3}$ という表示は，それぞれ，$1/s$, $1/s^2$, $1/s^3$ を意味する．右肩の「-」記号は，記号の付いた要素が分母となることを意味する．

　本書を読まれて，読者の得られるものははなはだ多岐にわたると考えられる．屋外スポーツや屋外作業に関係する人々は，雷から生命を守る有効な方法を読み取られることであろう．雷や雷雲に関心をもつ人々には，最新の知識を吟味し，まとめることに本書が役立つことであろう．

　本書の出版にあたり，第 8 章の研究推進に協力された東京電力(株)総合研修センター産業医，大橋正次郎医学博士，国立療養所東京病院付属リハビリテーション学院講師，石川友衛医学博士に深く謝意を表し，原稿仕上げの援助にあたられた森北出版(株)，上島秀幸氏に御礼を申し述べる．

　2000 年 10 月

著　　者

# 目　　次

## 第4章　雷雲の気象学的特徴

## 第5章　雷雲の電荷分離機構

## 第6章　雷放電（雲放電と落雷）

国際単位系（SI）の定める単位記号，邦訳名，基本単位による表示

| 量 | 国際単位系（SI） | | | |
|---|---|---|---|---|
| | 単位記号 | 邦訳名 | 基本単位による表示 | 他の単位による表示 |
| 周波数 | Hz | ヘルツ | $s^{-1}$ | |
| 力 | N | ニュートン | $m \cdot kg \cdot s^{-2}$ | |
| 圧力，応力 | Pa | パスカル | $m^{-1} \cdot kg \cdot s^{-2}$ | $N/m^2$ |
| エネルギー，仕事，熱量 | J | ジュール | $m^2 \cdot kg \cdot s^{-2}$ | $N \cdot m$ |
| 工率 | W | ワット | $m^2 \cdot kg \cdot s^{-3}$ | $J/s$ |
| 電荷，電気量 | C | クーロン | $s \cdot A$ | |
| 電位，電圧，起電力 | V | ボルト | $m^2 \cdot kg \cdot s^{-3} \cdot A^{-1}$ | $W/A$ |
| 静電容量 | F | ファラド | $m^{-2} \cdot kg^{-1} \cdot s^4 \cdot A^2$ | $C/V$ |
| 電気抵抗 | Ω | オーム | $m^2 \cdot kg \cdot s^{-3} \cdot A^{-2}$ | $V/A$ |
| コンダクタンス | S | ジーメンス | $m^{-2} \cdot kg^{-1} \cdot s^3 \cdot A^2$ | $A/V$ |
| 磁束 | Wb | ウェーバ | $m^2 \cdot kg \cdot s^{-2} \cdot A^{-1}$ | $V \cdot s$ |
| 磁束密度 | T | テスラ | $kg \cdot s^{-2} \cdot A^{-1}$ | $Wb/m^2$ |
| インダクタンス | H | ヘンリー | $m^2 \cdot kg \cdot s^{-2} \cdot A^{-2}$ | $Wb/A$ |
| セルシウス温度 | ℃ | セルシウス度 | K | |
| 光束 | lm | ルーメン | $cd \cdot sr$ | |
| 照度 | lx | ルクス | $m^{-2} \cdot cd \cdot sr$ | $lm/m^2$ |
| 放射能 | Bq | ベクレル | $s^{-1}$ | |
| 線量当量 | Sv | シーベルト | $m^2 \cdot s^{-2}$ | $J/kg$ |

# 第**1**章

# 雷と人間社会

## 1.1 雷は神のしわざ

　目のくらむ電光，耳をつんざく雷鳴，雷は極めて激しい自然現象である．昔の人々は，洋の東西を問わず，雷を神の怒り，神のしわざと考えた．

　中国では，図1-1に示すように，両手に持った鏡から強烈な電光を発する「電母」（雷の女神）が考えられた．また雷鳴を象徴する連鼓（輪の上に多数の太鼓を配置したもの）を背負った雷神が想像され，この像が日本に渡来し，風神と対になって風神・雷神として描かれた．彫刻では京都の三十三間堂の木像が日

**図1-1**　鏡を持つ雷神—中国の「電母」
（畠山久尚［3］，p28）

本最古のもので，鎌倉時代の運慶（？―1223）一派の作といわれ，風神・雷神の原型となっている．江戸初期の画家俵屋宗達（1630年代）が描いた屏風絵の風神・雷神もこの流れに沿ったものである．

　平安時代中期，朝廷は，藤原氏の専横をおさえるために，学問に秀でた菅原道真を重用し右大臣に任じた．道真はこれに応え，「延喜の治」といわれる治績をあげたが，右大臣藤原時平の策略で中央政界から追われ，任地の九州太宰府で死亡した（903年）．その後京都では，しばしば災厄が発生し，時平の病死など関係者の不幸が30年間にわたって相次いでおこった．中でも凄まじかったのは，御所清涼殿への二度の落雷で，公卿2人が死亡，3人が大火傷の難にあった．当時の京都市民は，雷は菅原道真の怨霊の現れとして怖れおののいた．その後（947年）朝廷は，京都北野に菅原道真祠を建立し，その功績を讃えた．これが北野天満宮で，全国に散在する天神様は，名誉を回復した菅原道真を学問の神様として祀っている．

　今日でも雷の多い地方には，雷神を祀った神社が多い．群馬県桐生市の雷電神社，同じく群馬県左波郡玉村町の火電神社は，宮司のいる立派な神社で参詣者に雷除けの神符を授与（販売）している．群馬県，栃木県など北関東の多雷地域には，大小あわせて300以上の雷神社が存在する．

　ギリシア神話では，万能の神ゼウスが，「雷矢」を武器に使って，戦いに勝利

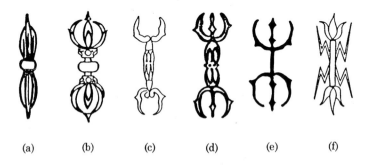

(a)　　　　(b)　　　　(c)　　　　(d)　　　　(e)　　　　(f)

図1-2　世界各地に見られる「雷矢」のデザイン（畠山久尚[3]，p31）
　　　　(a)ゼウスの神の持つ雷矢　　(b)ネパールの仏像の持つ雷矢
　　　　(c)(d)日本刀の刀身に刻まれた模様　　(e)不動明王の鈷
　　　　(f)イングランド銀行の扉の模様

したといわれている．雷の破壊力を象徴する矢形のシンボルは，東洋では仏像が手に持つ金剛杵となり，同様な模様が日本刀の刀身に刻まれている．このシンボルは「鈷」とも呼ばれる．図1-2に，世界各地にみられる「雷矢」のデザインを示す．

## 1.2 雷 獣

雷の正体は獣であるという考えもあった．空想の動物であるから，形は描く人によってまちまちであるが，鋭い爪をもち，自由に木に登り，木から天空に駆け昇ることができると考えられた．図1-3は，雷獣の一例で六本の足と三本の尻尾をもち，目は鋭く，長い牙があり，狼あるいは狐に似ている．落雷を受けた木の幹には，鋭い爪でひっかいたような樹皮の剥離がおこるので，このような考えが生まれた．

図1-3 雷 獣(畠山久尚[3]，p32)

北米インディアンは，雷は魔力をもった雷鳥のしわざと考えている．その強力な翼の羽ばたきが，電光・雷鳴をおこして，彼らの住居のテントに穴をあけ，その鈎爪が樹木の幹に大きな爪痕を残すと想像している．

## 1.3 落雷による被害

落雷は，人の生命を奪い，家屋や森林を焼き尽くすなどの災害をおこし，いつ，どこでおきるか予測もできないので，昔から地震と同じように怖れられて

きた．

社会の諸施設が，技術の進歩に伴い複雑化するに従って，落雷の被害は，多様化し，拡大している．停電事故の防止は電力工学の最大課題の一つであるが，その50％は落雷が原因で発生している．停電がおきると，道路の交通信号が停止し，鉄道，銀行などのコンピュータシステムが機能を停止し，社会的損害が甚大となる．また停電による障害だけでなく，落雷の直接・間接の影響で電気機器が，故障する被害が増加している．半導体素子やコンピュータ制御回路を内蔵する電気機器は，とくに被害を受けやすい．住宅地では，一個所に落雷がおきると，近隣十数軒で新型家電機器の故障がおきるなど，この種の被害が増加している．

首藤克彦[1]は，1970年〜1998年の新聞に報道された落雷事故を，すべて取り上げ，発生件数の比率を下のように算出している．落雷事故が新聞報道に取り上げられる確率は，事故の性質，社会情勢などによってまちまちであるから，その結果は，均一性の高い統計とはいえないが，落雷被害が，どのような分野に及んでいるかを知る一つの目安となる．

        停電…………148件，25.5％
        鉄道障害……148件，25.5％
        火災…………110件，19.1％
        人身事故……101件，17.4％
        通信障害…… 22件， 3.8％
        航空機障害… 22件， 3.8％
        その他……… 29件， 5.0％

停電時間は最高4時間程度で，ほとんど30分以内に復旧している．通信障害には，金融機関の現金自動支払機の機能停止などの例が含まれる．航空機は金属化にともない，炎上，墜落などの重大事故はなくなっている．

## 1.4 落雷による人身事故

落雷による毎年の死亡者，負傷者は，1954年以降，警察白書に発表されている．図1-4はこれをグラフで表示したものである．死亡者数は，年とともに減

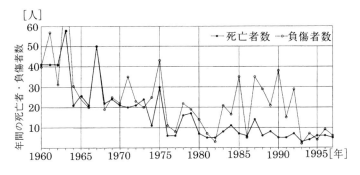

図 1-4 落雷による年間の死亡者・負傷者数の推移
(警察白書による)

少し，1960 年代は平均 35 名であったが，1990 年代は平均 7 名となり，死傷者
数は，年とともに著しく減少している．アメリカでは年平均死者は，1959 年
〜1994 年の統計では 90 名であったが，近年は 50 名程度に減少している．減少
の傾向は日本ほど著しくないが，ヨーロッパでも近年，死傷者数の減少がみら
れ，この傾向は世界的なものと考えられる．

　人体への落雷の科学的研究は，最近大きく発展しているが，その結果に基づ
く安全対策の普及は，国や地域でまちまちである．また屋外作業，屋外スポー
ツなど，屋外活動の形態・人口比も近年著しく変動している．このような社会
的な要因が含まれるので，近年の落雷死傷者減少の傾向を正確に解析すること
は難しい．

## 1.5　雷に関する参考文献

　1939 年，中谷宇吉郎[2]が岩波新書として刊行した「雷」は，今日でもユニー
クな生命を維持している．自然科学としての雷研究が本格化した 1900 年代か
ら，多数の科学者の相反する結論が，研究の進展とともにどのように止揚され
て，シンプソンの雷雲モデルに到達したか？　雷研究の文化史がみごとに描か
れている．本書でも，これにならって第 5 章では若干の歴史的記述を行った．
本書の構成にあたっては，畠山久尚著「雷の科学」(1973)[3]，孫野長治 (C.
Magono) 著「Thunderstorms」(1980)[4]，ユーマン (M.A. Uman) 著「The

Lightning Discharge」(1987)[5]などを参考にした．

　雷の科学は，大気電気学，気象学を基礎に成立しているので，第3章では予備知識として必要な部分を解説した．大気電気学一般，大気の電離，イオン，エーロゾルについては，北川信一郎編著「大気電気学」(1996)[6]を，気象学の基礎的な問題については小倉義光著「一般気象学（第2版）」(1999)[7]を参照いただきたい．

# 第2章

# 雷はどのような自然現象か？

## 2.1　雷は火花放電

　電気を流さない物体を，絶縁体という．正確には電気抵抗率（断面積 $1\,\mathrm{m}^2$，長さ $1\,\mathrm{m}$ に規格化した物体の抵抗値）が極めて高く（$10^7\,\Omega\mathrm{m}$ 以上），電圧をかけても，電流が流れない物体を絶縁体という．ゴム，ガラス，パラフィン，プラスチック，陶磁器，絶縁鉱油などは代表的な絶縁体である．電気機器やコンピュータ内部で，導体素子・半導体素子を支える基板は絶縁体を用い，高圧電気機器では，高圧に耐える絶縁体を使用する．空気は絶縁体で，私達は日常，心配なく各種の電気機器を使用している．

　絶縁体は，非常に高い電圧を加えると，絶縁が破壊され，瞬間的に電流が流れる．これを絶縁破壊という．物体に電圧を加えるとき，その厚さ（距離）あたりの電圧（これを電界という）が，一定の値以下のときは，物体の絶縁作用が維持されるが，一定値を超えると絶縁破壊がおこる．この限界となる距離あたりの電圧（電界）の値を，その物体の絶縁耐力という．一般には，固体絶縁物が絶縁耐力が大きく，液体，気体の順に絶縁耐力は低下する．

　気体の絶縁耐力は，電圧を加える金属電極の形状に依存し，図 2-1(a) の尖った電極間では小さく，図(b) の角を丸くした平行平板電極の間では大きくなる．空気の場合，図(a) の電極では $1\,\mathrm{cm}$ あたり約 $5000\,\mathrm{V}$ の電圧（$5000\,\mathrm{V/cm}$ すなわち $500\,\mathrm{kV/m}$ の電界）を加えると絶縁破壊がおこり，電極間に火花が飛ぶ．図(b) の電極では $1\,\mathrm{cm}$ あたり約 $30000\,\mathrm{V}$ の電圧（$30000\,\mathrm{V/cm}$ すなわち $3\,\mathrm{MV/m}$ の電界）を加えて初めて絶縁破壊がおこる．

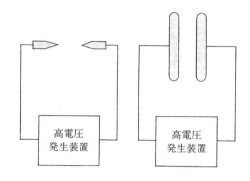

(a) 先端の尖った電極 　　(b) 角を丸くした平行平板

(灰色部分は電極の断面を示す)

**図2-1** 気体に高電圧を加える電極の二つの型

夜間，電車のパンタグラフと架空線の間で火花が飛ぶのがみられる．これは電車の振動で，パンタグラフと架空線の接触が離れるとき，空気の絶縁が破れて，火花が飛ぶ現象である（架空線の電圧は通常直流1500 V であるから，空気間隙が3 mm 程度で火花が発生する）．

絶縁破壊では，絶縁物体の分子が破壊され，電子とイオンに分離される．これらの粒子は電荷をもつから，その移動によって電流が流れ，分離の際に光と音が出る．この現象を**スパーク**あるいは**火花放電**（**spark discharge**）という．自然がおこす**火花放電**が雷放電で，架空線とパンタグラフ間の火花放電，実験室内の火花放電などにくらべ，桁外れに大きい．

雷放電から放射される光あるいは発光する放電路を**電光**と呼び，放射される音を**雷鳴**という．

## 2.2 雲と雨 —— 雲粒と降水

雷をおこす自然現象は雷雲である．雷雲を調べるには，まず，雲や雨を正確に知らなければならない．気象学では，大気中に浮かぶ**水滴・氷晶**（**ice crystal**）を**雲粒**（**cloud particle**），重力で落下する雨，雪，あられ，ひょうなどを総称して**降水**（**precipitation**）と呼ぶ．雲粒も降水も空気に対して相対的に落下す

るが，直径 0.01 mm 以下の水滴，これと同重量の氷晶は，終末速度（空気に対する相対速度）が秒速 3 mm（時速 10 m）以下で，空気中に滞留して雲を形成するので，**雲粒**と呼ばれる．直径 0.1 mm 以上の水滴・氷粒は，有効な終末速度で地表に落下するので，**降水**と呼ばれる．

　**降水**の代表である雨滴（**rain particle**）は，直径 0.1 mm〜3 mm で，サイズがこれ以上大きくなると落下中に分裂するので，直径約 3 mm が最大の雨滴となる．これに対し，非結晶の氷粒になると直径数 10 mm まで成長する．直径 2 mm〜5 mm のものを**あられ**（**graupel**），それより大きいものを**ひょう**（**hail**）と呼ぶ．比較的大きい**氷晶**（**ice crystal**）あるいは複数の氷晶が結合したものも空気中で落下し，**雪**（**snow**）となって地上に降下する．

## 2.3　雷雲の電荷分離，雲放電と落雷

　正負の電荷は，相互に吸引するので，これを引離すには力が必要である．日常，経験する静電気は，二つの絶縁物を摩擦し，引離す力によって分離される．

　大気中では，雲粒に働く上昇気流の風力と降水に働く重力が，正負電荷を分離する．雷雲の電荷分離は，氷晶とあられの衝突で行われる．気温 -10℃ 以下の低温の大気中では，**氷晶**が正，**あられ**が負に帯電し，氷晶は上昇気流で吹上げられ，雲の上部に正電荷が分布し，あられは重力で落下して，雲の中部，下部の降水域に負電荷が分布する．この雲中の分離された正負電荷が，空気の絶縁を破壊して，火花放電をおこすのが**雲放電**（**cloud flash**）である．また雲の中部，下部の負電荷が，地表に正電荷を誘導し，この正負電荷が，空気の絶縁を破壊して火花放電をおこすのが**落雷**あるいは**対地放電**（**ground flash, cloud-to-ground flash**）である．この場合，雲の電荷が重力で落ちるわけではないが，**落雷**という用語は，**対地放電**とともに学術用語に採用されている．**雲放電**に代わり，雲間放電という言葉がしばしば使われるが，実際には放電は雲中でおこり，ときに一部分が雲の外に現れるにすぎない．雲間放電という表現はやめて，学術用語の**雲放電**を使うことを推奨する．

　雲放電も落雷もスケールは同程度で，代表的な雷放電の長さは 5 km 程度であるが，実際の長さは，1 m〜20 km という広い範囲にわたる．1 回の雷放電で

中和される電荷の代表値は 25 C（クーロン）で，範囲は 3 C〜1000 C である．

　雷雲では，氷晶からなる雲の上部に広く正電荷が分布し，あられの落下域に，負電荷が分布する．あられが -10℃ 温度層より下方に落下すると，あられが正，氷晶が負に帯電するので，-10℃〜0℃ の温度層には比較的少量であるが，正電荷が分布する．その結果，発達した雷雲は，上から**正・負・正の三極構造**の電荷分布となる（図5-1，p 50 参照）．

　1回の雷放電で消費されるエネルギーの代表値は，15億 J（ジュール）と推定される．J（ジュール）は，国際単位系（SI）で定められたエネルギーの単位で，日常，電気エネルギーは J に代わり Wh(ワット時)，kWh(キロワット時)という単位であらわされる．1 Wh は，3600 J であるから，雷エネルギーの代表値 15億 J は，約 400 kWh である．これは，家庭用電力量の2ヶ月分，30分間のプロ野球ナイター電力量に相当する．

　ここでは，雷雲の電荷分離と雷放電の要点を述べた．その詳細は，『第5章 雷雲の電荷分離機構』，『第6章 雷放電（落雷と雲放電)』で述べる．

## 2.4　雷雲の特徴，雷雲セル

　雷雲の電気は，あられと氷晶の衝突で分離される．雷放電をおこすには，雲中で多量のあられが生成されなければならない．湿った空気（水蒸気を含んだ空気）が，大気上層の 0℃ 温度層に達しても，ただちに雪やあられができるわけではない．温度 0℃〜-10℃ の大気中では，氷となるはずの水蒸気は，微細な**過冷却水滴**（直径 0.01 mm 以下）となり，-20℃ の温度層に達して初めてあられが生成される．湿った空気が激しく上昇すると，対流雲（入道雲）ができるが，その中で多量のあられが生成されないと，雷はおきない．湿った空気が，-20℃ という低温層，あるいはさらにその上層まで吹上げられて，あられが多量に生成されるとき，初めて雷がおこる．したがって，雲頂高度が，-20℃ の温度層より上層まで発達する対流雲が雷雲となる．-20℃ 温度層の高度は，夏季で約 7 km，冬季は約 4 km であるから，雷雲の背丈は，夏季 7 km 以上，冬季は 4 km 以上である．活動の激しい雷雲は，非常に背丈が高く**対流圏**(3.1節，p 12 参照) 最上層に達する．

　雷雲は水平直径が4km〜8km程度で，約45分で発達，成熟，減衰というライフサイクルを繰り返す**セル**（**cell，細胞**）と呼ばれる単位から構成される．長時間の雷雨では，セルが相次いで発生し，広域の雷雨は，多数のセルが同時に活動する．成熟期の雷雲セルは，10秒に1回程度の割合で雷放電を繰り返すので，このときの雷雲セルの発電能力は約15万kWで，中規模の水力発電所に相当する（原子力発電所および大規模の火力発電所は1000万kW以上）．

　ここでは雷雲の特徴の要点を述べた．詳細は『第4章 雷雲の気象学的特徴』で述べる．

第**3**章

# 雷を理解するための大気電気学・気象学

## 3.1 地球をとりまく大気の構造 —— 大気の鉛直構造

　地表では距離が数 km 離れても，気温，気圧，湿度はほとんど変わらない．これに対し，鉛直方向には，大幅に変わる．気圧は，地表では平均 1013 hPa（ヘクトパスカル）であるが，高度 5500 m では，2 分の 1 の約 500 hPa となる．真夏で地表の気温が 30℃ のとき，高度 5 km の気温は 0℃ で，高度 12 km では約 -50℃ となる．地球科学では図 3-1 に示すように，鉛直方向に大気を四つの圏に区分する．高度の増加に対して気温が減少する最下層を**対流圏**（tropo-sphere），その上層で高度とともに気温が増加する層を**成層圏**（stratosphere），その上層で高度とともに再び気温が減少する層を**中間圏**（mesosphere），気温が再び増加する最上層を**熱圏**（thermosphere）と呼ぶ．

　対流圏では，平均して 1 km につき約 6.5℃ の割合で，高度とともに気温が減少する．雲，雨，風などの天気現象をはじめとして，低気圧，前線，台風などの大気現象が発生するのは，この対流圏に限られる．対流圏と中間圏の境界面を**圏界面**（tropopause）と呼ぶ．圏界面は熱帯域で最も高く約 18 km の高度にあり，緯度が高くなるに従って低下し，極地域では高度約 8 km となり，中緯度域では夏季に高く，冬季に低くなる．地球全体で平均すると圏界面高度は 11 km となる．対流圏では，水蒸気を含む空気が上昇すると，一定高度で水蒸気の凝結が始まり，雲粒が生じ雲が形成される．上昇気流によって雲が形成され，雲が発達すると降水がおこる．局所的な強い上昇気流によって形成される雲は，**対流雲**（convective cloud）と呼ばれる．台風の雲は最も大型で活動の激しい

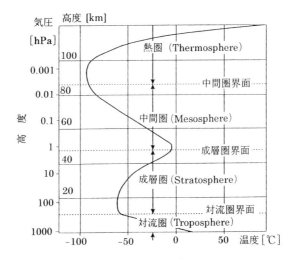

**図 3-1** 大気温度の高度分布と四つの大気圏

対流雲である．対流圏では，低気圧や前線によって大小さまざまの上昇気流が
おこり，天気の変化が繰り返される．

　1902 年に，自記温度計を搭載した無人気球の飛揚により，圏界面より上方で
は高度が増加しても気温が変わらず，やがて増加に転ずることが発見され，こ
の温度分布の大気層は，成層圏と名付けられた．それ以前は，気温は大気の果
てまで高度とともに減少していくと信じられていたので，この成層圏の発見は
大きい驚きであった．

　成層圏は，密度の大きい気層が下方に，密度の小さい気層が上方に，安定し
た水平層の積重ねになっていると考えられ，この名称がつけられた．ところが
近年高層大気の観測技術が進展し，成層圏の大気は，静止しているわけではな
く，赤道上方の成層圏では，約 13 ケ月間は空気が東に向かって環流し，次の約
13 ケ月間には反転して西向きに環流するという空気の運動があることが判明
した．さらにこの地球規模の空気の還流は，中間圏の大気の運動と関連し，成
層圏，中間圏の大気の運動は，まとまった一つの風系を形成していることが，
最近の研究で判明している．

　成層圏では，平均的には気温は高度とともに増加し，高度約 50 km で極大と

なる．この高度では，オゾンが太陽の放射エネルギーを最も多量に吸収するからである．この高度より上層では，気温は再び高度とともに減少し，高度約80 km〜90 km で極小となる．この高度に対して温度が減少する層を**中間圏**と呼ぶ．

最近では，大規模風系や気温の季節変化などに着目し，成層圏，中間圏をひとまとめにした高度約10 km から110 km までの大気層を，**中層大気（middle atmosphere）**と呼ぶようになった．

中間圏の上層の**熱圏**では，大気を組成する分子，原子が太陽の放射エネルギーを吸収し，気温は高度とともに増加するが，図3-2 に示すように，高度400 km 以上では大気の密度が減少するので気温の増加は終わり，これより上方では高度に対する気温の変化はみられない．

図3-2 は，高度範囲を1000 km まで広げて大気の状況を示す．高度60 km から数百km では，太陽エネルギーによって，空気分子が，電子とイオンに分離され（これを電離という），**電離層（ionosphere）**が形成されている．電離層は地表から放射される電波を地表に送り返す反射層として知られている．波長が100 m より長い中波，長波の電磁波は地球曲面に沿って伝搬するが，波長10 m

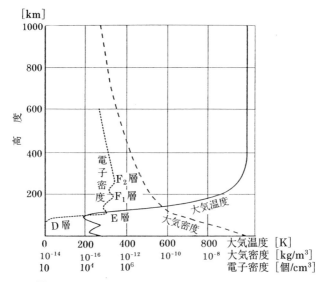

**図3-2** 大気温度，大気密度および電子密度の高度分布

以下の短波，波長 1 m 以下のマイクロ波は直進するので，地平線より遠方には到達しないはずである．ところが地球をとりまいて電離層が存在するので，短波の電波は，電離層と地表の間を繰り返し反射して，地球の反対側まで伝搬する．マイクロ波は電離層を突き抜けるので，伝搬は直視範囲に限られる．

電子密度は，図 3-2 の点線で示すように高度による増減があり，電離層は下層から D，E，F₁，F₂ 層に分けられる．電子密度は，太陽エネルギーの入射に依存し，昼夜，季節によって変動する．E，F 層は昼夜を通じて存在し，夏季昼間F 層は，F₁，F₂ の 2 層にわかれる．D 層は通常昼間に現れ，その電子密度は太陽の黒点活動に強く依存する．

## 3.2 大気電気学

電気を伴う大気現象を扱う科学を**大気電気学**（**atmospheric electricity**）という．電気現象の源は，**電荷**（**electric charge**）で，その最小要素は，**電子**（**electron**），**ホール**（**hole**）および**イオン**（**ion**）である．雷現象は，電気を伴う最も顕著な大気現象であるから，その観測と研究の成果は，大気電気学の中で重要な部門をしめる．一方晴天時でも，大気中には**大気イオン**（**atmospheric ion**）と呼ばれる大小さまざまな正負イオンが存在し，その発生と消滅が繰り返されている．大気イオンは，大気の状態を決める重要な要素の一つで，大気環境問題に深くかかわり，その実体を解明することは，大気電気学の一つの重要な課題となっている．また地球と地球を取り囲む電離層との間には電荷のやりとりがあって，スケールの大きい電流回路が形成されている．これを解明する研究も大気電気学の課題の一つとなっている（第 12 章，p 128 参照）．

## 3.3 大気電界とその測定法

図 3-3 に示すように，地表から一定の高さに，水平に導線を張り良好な絶縁物で支持して，その電位を測定すると，大地電位と異なる電位が測定される．晴天無風のとき電位は正で，通常高さ 1 m で約 100 V，2 m で約 200 V となり，その値は導線の高さに比例する．電位の測定には，テスターや通常のボルトメ

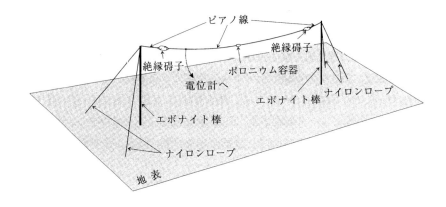

図3-3 大気電位測定のための水平導線の設置法

ーターは使えない．これらの計器は数 $10\,\mathrm{M\Omega}$ 程度の入力抵抗をもつので，計器
を接続すると導線の電位は大地電位に等しくなってしまう．測定には電位計を
使用する．電位計は，入力抵抗が実効的に無限大になっているので，上記の水
平導線の電位を測定することができる．

　導線の電位は，高さを一定に保っていても，時間とともに緩やかに変化する．
これは，その高さの電位が時間とともに変化しているからである．絶縁された
水平導線を張ると導線の電位は 20 分位で，その高さの大気の電位と等しくな
る．導線の電位が大気電位より高いと導線から正電荷が大気中に移動し，低い
と負電荷が移動し，導線の電位と大気の電位が等しくなると電荷の移動は止
む．電荷の移動は，大気中の正負イオンが移動し，導線に付着して電荷を与え
ることによって行われる．20 分という時間は，このイオンの運動による電荷移
動が終了するまでの時間である．導線の一部に少量の放射性元素ポロニウム
（$P_o$）をつけておくと，この時間が短縮され，導線は数分で大気電位と等しく
なる．これは，ポロニウムからでる放射線によって，導線の周囲の大気中に多
数の正負イオンが生成され，その移動が電荷の移動を速めるからである．この
ようにセンサーの電位を大気電位と等しくするまでの時間を短縮する装置を**集
電器（collector）**という．

　図 3-4 に，集電器の一種，**水滴集電器（water dropper）**を示す．絶縁した水槽に水平のノズルをつけて，屋外に突き出したノズルの先端孔から適当な頻度で水滴を落とすと，水滴が有効に電荷を運ぶので，水槽・ノズルの導体系の電位は，数分の遅れでノズル先端部の大気電位に等しくなる．この導体系に自記電位計を接続すれば，大気電位の連続記録が可能となる．この場合，建物の影響で，大気電位の分布が，図 3-4 の等電位面が示すように著しく変形する．大気電位は，建物の影響のない広い平坦な地表上で定義されるので，図 3-4 の測定では，得られた値を広い平坦地の値に換算する必要がある．この換算係数を**平面校正係数（reduction factor）**という．茨城県柿岡にある地磁気観測所では水滴集電器を用いて，大気電位の連続測定を行っている．

　距離あたりの電位差（電圧）を電界と呼ぶことを，2.1 節で述べた．電界はベクトル量で，その向きは，電位の高い方から低い方へ向かい，大きさは，距離 1 m あたりの電位差すなわち V/m という単位であらわす．2.1 節では空気が絶縁破壊をおこす電界を，5000 V/cm（針電極の場合），30000 V/cm（平行平板電極の場合）と記述した．これは距離 1 cm あたりの電位差で電界を表示したもので，距離 1 m あたりの電位差に換算すると，この値を 100 倍し，それぞれ 5000×100 V/m＝500 kV/m，30000×100 V/m＝3 MV/m となる．

　晴天無風のとき（これを**晴天静穏時**という），大気の電位は，高さ 1 m で約 100 V，

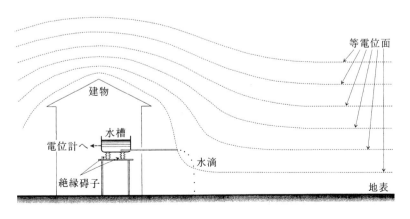

**図 3-4**　水滴集電器と建物による地表付近の大気電界の変歪

高さ $2\,\mathrm{m}$ で約 $200\,\mathrm{V}$ であるから，地表付近の電界は約 $100\,\mathrm{V/m}$ で，鉛直下向きである．大気電気学では慣例として，**下向きの電界を正の電界，上向きの電界を負の電界**と呼ぶことにしている．地表の大気電界は，地上 $X\,[\mathrm{m}]$ の高さの大気電位を測定し，その値を $X$ で割ることで求められる．ある高度の大気電界を求めるには，その高度をはさむ二つの高度 $X_1\,[\mathrm{m}]$；$X_2\,[\mathrm{m}]$ で，大気電位を測定し，その差を高度差（$X_1$-$X_2$）で割ればよい．

　晴天無風のとき地表の大気電界が，鉛直下向き約 $100\,\mathrm{V/m}$ となるのは，地球を取り囲む電離層が正に帯電し（電離層中には電子，正・負イオンなど帯電粒子が高い濃度で分布し，全体としては正イオンが卓越する），地表にはこれに対応して負の面電荷が誘導されている結果である．この電界を**晴天静穏時の大気電界**と呼ぶ（12.1節，p 128 参照）．

### 3.3.1　回転集電器あるいはフィールドミル（field mill）

　大気電界を直接測定する**回転集電器**あるいは**フィールドミル（field mill）**という計測器が開発されている．回転集電器は図3-5に示すように，数個（この図では4個）の扇形の羽根からなる水平に固定された金属板と，その真上にあって，金属板の中心を通る鉛直軸に支えられて回転する同型の金属板からなる．固定金属板は，誘導板と呼ばれ抵抗 $r$ を通じて大地電位に結ばれ，同時にアンプ（電圧増幅器）に接続される．回転金属板は遮へい板と呼ばれ，大地電位に結ばれ，モーターによって一定速度で回転する．遮へい板が誘導板とまったく重ならない位置にあるときは，誘導板は大気電界に露出し，その上面には大気電界に対応する面電荷が誘導される．遮へい板が回転し誘導板と重なる位置にくると，誘導板は大気電界から完全に遮へいされ，上面に誘導された面電荷は抵抗 $r$ を通じて地表に移動する．遮へい板の回転によって，誘導板には電荷の誘導と地表への移動が繰り返され，抵抗 $r$ には交流電圧が発生する．誘導される面電荷密度は大気電界に比例するので，交流電圧の振幅は大気電界に比例する．この交流電圧を増幅し，整流すれば大気電界が記録される．整流は面電荷の正負が区別できるように行えば，大気電界の向きも識別できる．

　大気電界は，最も基本的な大気電気要素で，研究目的で測定されるだけでなく，世界各地の地磁気観測所で，常時連続記録が行われている．わが国では茨

斜め上方からみた遮へい板
誘導板はまったく同じで
中心に回転軸が無接触で通る孔がある

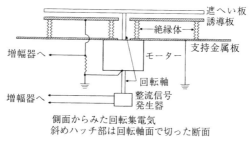

側面からみた回転集電気
斜めハッチ部は回転軸面で切った断面

**図 3-5** 回転集電器（フィールドミル）の説明図

城県柿岡にある柿岡地磁気観測所で，水滴集電器による常時観測が行われている．

## 3.4 雷雲の電荷による地表電界

1.3 節で述べたように，晴天静穏時の地表電界は下向きで約 100 V/m である．雲に覆われると地表電界は，数 100 V/m〜数 1000 V/m となり，向きは上，下ともにあるが，晴天静穏時電界と反対の上向きの場合が多い．雷雲の真下では，地表電界はしばしば上向き数 10000 V/m（数 10 kV/m）となる．

### 3.4.1 一極電荷分布による地表電界と落雷による急変化電界

雷雲の帯電は，2.3 節で述べたように，成熟期には上から正・負・正の三極構造となるので，地表にはこれに対応する電界が生ずる．雷雲中に分布する電荷による地表電界を考察するために，まず，雷雲の中部，下部のあられ降水域に分布する負電荷だけによる地表電界を考える．2.4 節で述べたように，あられ

は，-20℃温度層付近で生成される．夏季の雷雲を考え，この温度層の高度を
8kmとし，この高度に中心をもつ直径3kmの球領域を考え，この領域に負電
荷 -25C（クーロン）が一様に分布すると仮定する．大地の抵抗率は，通常数
100Ωm程度（範囲は1Ωm〜10kΩm）であるが，雲の電荷による大気電界を考
えるとき，大地は完全導体として扱うことができる．また電荷が球領域に一様
に分布するときは，その球外の電界は全電荷が球の中心に集中するときと同一
になる．したがって，電磁気学の公式を適用して，ここに仮定した電荷分布に
よる地表電界を計算することができる．この例のように，<u>負符号の電荷だけが
雲中に分布する場合</u>を，**負極電荷分布**と呼ぶ．

　図3-6は，上記の高度8kmに -25Cが分布する負極電荷分布による地表電
界を示す．横軸は電荷中心直下点からの水平距離を示し，同時に横軸線は地表
面をあらわす．電荷中心の高度は，横軸と同スケールの右側の縦軸で示される．
電荷は負であるから，地表電界はいたるところ負（上向き）で，図の点線カー
ブを左側の縦軸で読みとると地表電界値が得られる．

　落雷によって，この負電荷が地表に誘導された正電荷と中和して消失すると
きは，地表各点で，カーブが示す地表電界が瞬時にゼロとなる．これが**落雷に
よる急変化電界**である．図3-6で，$SC_4$ および $SC_{12}$ と記した「矢印付き破線」
は，電荷中心の直下点からそれぞれ4kmおよび12kmの地点における急変化

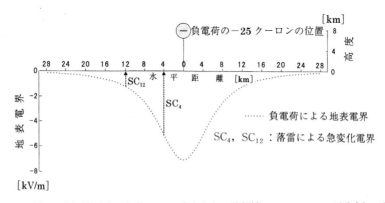

**図3-6**　雲中の -極電荷分布（高度8kmに中心をもつ球領域に -25クーロンが分布）による
　　　地表電界と落雷による地表の急変化電界

電界を示す．この急変化電界は，負電界が解消するものであるから符号は正である．

### 3.4.2 二極電荷分布による地表電界と雲放電による急変化電界

雷雲の上部には正電荷が分布するので，高度 13 km に中心をもつ直径 3 km の球領域に ＋25 C の電荷が分布すると仮定すると，この電荷分布による地表電界も電磁気学の公式によって求めることができる．同じ鉛直軸上，高度 13 km および 8 km にそれぞれ ＋25 C，-25 C の電荷が分布する二極電荷分布による地表電界は，それぞれの一極電荷分布による地表電界を求め，これを合成することによって得られる．

正・負・正の三極構造の電荷分布による地表電界は，さらに下部正電荷による地表電界を求め，三者を合成することによって得られる．ここでは二極電荷分布による地表電界について説明する．

図 3-7 は，上記の正電荷および負電荷分布による地表電界を，それぞれ点線カーブおよび破線カーブで示す．両カーブを合成した実線カーブが二極電荷分布の地表電界を示す．ここに横軸線は地表の水平距離をあらわし，右側の縦軸は同じスケールで高度を，左側の縦軸は地表電界値をあらわす．

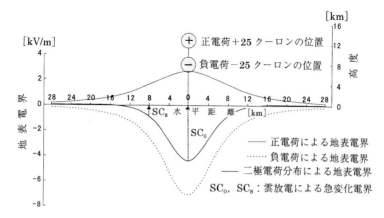

**図 3-7** 雲中の二極電荷分布（高度 13 km および 8 km にそれぞれ ＋25 クーロンおよび -25 クーロンが分布）による地表電界と雲放電による地表の急変化電界

　合成電界は，電荷中心直下点で負の最大値をとり，その絶対値は距離とともに減少し，約14kmでゼロ線をよぎって正電界となり緩やかに増加するが，22kmを過ぎると減少に転ずる．正になってからの数値は極めて小さいが，定性的には文字Wを上下反転したパターンとなる．

　雲放電によって，正負電荷が中和して消失するときは，実線カーブが示す地表電界は瞬時にゼロとなる．これが**雲放電による急変化電界**である．図3-7で，$SC_0$および$SC_8$と記した「矢印付き破線」は，電荷中心の直下点およびこれから8km離れた地点における急変化電界を示す．この急変化電界は，負電界が解消するものであるから符号は正である．

　図3-7に示す二極分布の電荷が，変化することなく雷雲と共に一定速度で移動するとき，電荷中心が頭上をよぎる地点で地表電界を連続記録すると，図3-7の横軸の距離を時間に変換した記録が得られる．

### 3.4.3　急変化電界の多地点同時測定から雲中の電荷分布を求める方法

　3.4.2項では，電磁気学の公式を適用するために，雲の電荷は球領域に一様に分布すると仮定した．実際の雷雲の電荷は，このような幾何学的分布とは若干異なる．また二極電荷分布では，二つの電荷中心が同一鉛直線上に位置するとは限らない．したがって，多地点の実測から地表電界カーブを描くと，図3-7の計算されたカーブとは若干異なったものとなる．雲の電荷分布が，仮定された二極分布と大幅に相違するときは，実測によるカーブと計算によるカーブの相違も大きくなる．

　雷雲の電荷分布を知ることは，雷研究の大きい課題の一つであるが，観測点の数が限られた地表電界の観測結果から，雲中の三次元電荷分布を正確に決定することは不可能である．しかし，雲中の電荷は，一定の球領域に一様に分布すると仮定すると，落雷あるいは雲放電による地表の急変化電界を，多地点で同時記録すれば，連立方程式を解く方法によって落雷あるいは雲放電によって中和された電荷の位置を求めることができる．一極分布の電荷が落雷で消失するときは，四地点で地表急変化電界を同時測定すれば，四つの連立方程式から，電荷中心の位置座標$x$, $y$, $z$（たとえば，$x$：東西座標，$y$：南北座標，$z$：鉛直座標）と電荷の大きさ$Q$の四つの未知数を求めることができる．雲中の二極分

布電荷分布が雲放電で消失するときは，7地点で地表急変化電界を同時測定すれば，七つの連立方程式から，上部電荷中心の位置座標 $x$，$y$，$z$，下部電荷中心の位置座標 $x'$，$y'$，$z'$ と電荷の大きさ $Q$ の七つの未知数を求めることができる．しかし実際の雷雲の電荷は，球領域に一様に分布するという幾何学的分布とは若干異なるので，これらの方法によって求めた電荷分布は，実際の雷雲の電荷分布の近似解にすぎない．

　雲中の電荷分布を求めるには，7地点以上できるだけ多数の地点で，地表急変化電界の同時測定を行い，その測定結果を最小自乗法で解析すれば，それだけ近似度の良好な電荷の三次元分布を得ることができる．

　コスハークとクライダー（W.J. Koshak, and E.P. Krider）[8]は，この方法で落雷で中和される電荷の高度を求めた．図5-3（p 53）は，その結果の一例で，20分間にわたる一連の雷活動期間中，電荷はほぼ一定の高度にある．またクリビエル，ブルック等（P.R. Krehbiel, M. Brook, R.L. Lhermitte, and C.L. Lennon）[9]は，落雷に含まれる成分放電（**雷撃**）による電界の急変化を多地点で同時記録し，各雷撃で中和される電荷の位置を決定した．図5-4（p 54）は，フロリダ雷雲とニューメキシコ雷雲の結果を並べて示す．雲放電で中和される電荷は広い高度範囲に分布するが，落雷の各**雷撃**で中和される電荷は，いずれも－10℃〜－20℃温度層の範囲にあり，海抜高度でもほぼ同じレベルにある（5.1.2項，p 52参照）．

## 3.5　大気イオンとエーロゾル

　水の電気分解や電気メッキでは，液体中のイオンが移動して電荷を運び，液体中に電気が流れることが知られている．大気中にも**大気イオン（atmospheric ion）**と呼ばれる大小さまざまのイオンが浮遊していて，その濃度は，単位体積中の個数であらわされるイオン研究者の習慣で，単位体積は 1 m³ でなく 1 cm³ が使われるので，本節では，濃度の単位は「1/cm³」を使用する．また大気中には，大小さまざまな浮遊粒子が存在し，これを総称して**エーロゾル**と呼ぶ．

　大気中の分子は，宇宙線，大気中の放射性ガスおよび地中からの放射線によって電離され，正負の**小イオン**となる．正小イオンは，ハイドロニウムイオン

$H_3O^+$ に，複数個の水分子 $H_2O$ が結合したもので $H_3O^+ \cdot (H_2O)_n$ という分子式
であらわされる．負小イオンの構成は複雑で単純な分子式では表現できないが，
粒径は正小イオンにほぼ等しい．**小イオン**は宇宙線，放射線によって常時生成
され，同時に反対符号の小イオンと結合し，あるいは大気中の浮遊粒子（エー
ロゾル）に付着して消失する．その結果，大気中には，生成と消失が平衡する
濃度で小イオンが存在する．小イオン濃度は，エーロゾル濃度の低い海洋上で
は，比較的高く $1000/cm^3$（単位体積を $1m^3$ にすると $10^9/m^3$）の桁であるが，
陸上とくにエーロゾル濃度の高い都市大気中では，低下し $100/cm^3$（単位体積を
$1m^3$ にすると $10^8/m^3$）の桁となる．小イオンが付着した帯電エーロゾルは，そ
の粒径によって**中イオン**（$1 \times 10^{-3} \sim 5 \times 10^{-2} \mu m$），**大イオン**（$5 \times 10^{-2} \mu m$ 以上）
と呼ばれる．

　図 3-8 は，イスラエル（H. Israel）[10]が 1957 年に提示したイオンおよびエー
ロゾルの粒径分布図を示す．横軸に粒子の直径，縦軸に粒子の濃度をとり，カ
ーブは粒径に対応する粒子の濃度を示す．

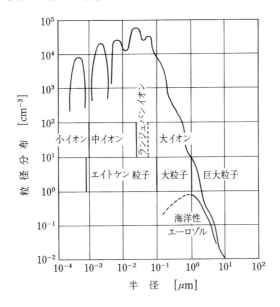

**図 3-8**　イオンとエーロゾルの粒径分布
（イスラエル[10]）

　エーロゾルは，形状，構造，化学的性質などが異なるさまざまな粒子からなるが，便宜上粒径によって**エイトケン粒子**（$10^{-1}\mu$m 以下），**大粒子**（$10^{-1}\mu$m 〜 $1\mu$m），**巨大粒子**（$1\mu$m 以上）に分類される．エーロゾルの帯電率は，粒径によって異なるが，全体としては中性，正帯電，負帯電のエーロゾルが，ほぼ同数となる．小イオン濃度は大気のエーロゾル濃度と逆相関になるので，大気中の小イオン濃度は，大気の粒子汚染度の指標の一つとなる．

　2.1 節で，空気は絶縁体とした．大気中には小イオンが存在し，これが移動するので，電流が流れる．しかし，この電流は非常に微弱で，大気の抵抗率は，$5\times10^{13}\Omega$m と極めて高く，日常生活では絶縁体として扱って差し支えない（2.1 節で述べたように，抵抗率が $10^7\Omega$m 以上の物体は絶縁体として扱われる）．

## 3.6　大気成層の安定・不安定

　対流圏では，空気はそれより上方にある空気の重みで圧縮されるので，下の方に密度の大きい空気の層があって，その上に順次密度の小さい空気の層が重なっている．これを大気が，密度成層をなしているという．大気の状態を考えるとき，空気層の密度が高度とともにどれくらい減少しているかが問題となる．気象要素の測定では，密度より温度の方が扱いやすいので，大気の成層は，高度とともに気温がどれくらい減少しているかという問題に置き換えられる．この気温が高度とともに減少する割合を**気温減率**という．対流圏の平均気温減率は，3.1 節で述べたように，1 km について 6.5℃ である．

　大気中で一塊の空気（**気塊**）が上昇すると，上層ほど気圧が低いので，気塊の体積が膨張し，その結果気塊の温度が減少する．周囲大気の温度が，上昇した気塊の温度より低いと，上昇した気塊は，周囲大気より温度が高く密度が小さく，周囲大気より浮力を受け上昇を続ける．このとき**大気成層は不安定**であるという．周囲の大気温度が，上昇した気塊の温度に等しいときは，密度差を生じないので，気塊に浮力は働かない．このとき**大気成層は中立**であるという．周囲大気の温度が，上昇した気塊の温度より高いと，気塊の密度が周囲大気より大きくなるので，気塊は重力で引き下ろされ，気塊の上昇運動はおこらない．この場合，**大気成層は安定**であるという．

### 3.6.1 乾燥断熱減率と湿潤断熱減率

気塊が上昇すると体積が膨張し気塊の温度は減少するが，その減少の割合——**気温減率**——には二つの場合がある．一つは，気塊が水蒸気を含まない（この気塊を乾燥気塊という）か，水蒸気を含んでいても飽和することなく水蒸気の凝結を伴わないで上昇する場合である．このときは 1km につき 10℃ の割合で温度が減少する．この気温減率を**乾燥断熱減率**という．もう一つは水蒸気を含んだ気塊（これを**湿潤気塊**という）が飽和して，水蒸気が凝結し，凝結熱を発生しながら上昇する場合である．この場合の気温減率は**湿潤断熱減率**と呼ばれ，乾燥断減率より小さくなるが，その値は気塊に含まれる水蒸気の量によって決まり，乾燥断熱減率のように一義的には決まらない．

水蒸気を多量に含む下層大気の場合は，1km につき約 4℃ 減少し，水蒸気量が少ない中層大気の場合は，1km につき 6℃〜7℃ 程度減少する．気温減率は，温度と高度を両軸にしたグラフでは曲線であらわされる．図 3-9 は，**湿潤断熱線**（太い破線）の一例と**乾燥断熱線**（太い実線）を示す．大気成層の安定・不安定は，次項で述べるように，実際の大気の温度−高度線が，これら二つの気温減率線のどちら側にあるかによって決まる．

### 3.6.2 絶対不安定と条件付き不安定

図 3-9 は，縦軸に高度，横軸に温度をとり大気の成層状態を調べるグラフで

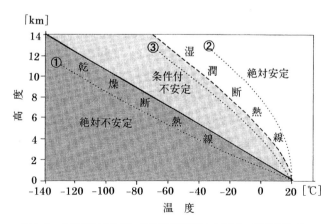

図 3-9 大気成層の安定・不安定を判定する温度 − 高度グラフ

ある．気象専門家は，大気成層を調べるとき，縦軸は高度の代わりに気圧の対数をとったエマグラムと呼ばれるグラフを使用する．ここでは理解を容易にするため，高度，温度を両軸にとった図 3-9 のグラフで説明する．グラフには地表温度（ここでは 20℃ とした）を通る**乾燥断熱線**（太い実線）と**湿潤断熱線**（太い破線）を示す．大気の温度分布，すなわち温度−高度線が①のように乾燥断熱線より左側（濃灰色に塗られた領域）にあるときは，気塊がどちらの気温減率で上昇しても，気塊の温度が周囲大気温度より高くなり，気塊は上昇を続ける．温度分布がこの濃灰色領域にある大気は，**絶対不安定**であるという．大気の温度分布，すなわち温度−高度線が②のように湿潤断熱線より右側（白色の領域）にあるときは，気塊がどちらの気温減率で上昇しても，気塊の温度が周囲大気温度より低くなり気塊の上昇はおこらない．温度分布がこの白色領域にある大気は，**絶対安定**であるという．大気の温度分布すなわち温度−高度線が③のように乾燥断熱線と湿潤断熱線にはさまれた領域（淡灰色に塗られた領域）にあるときは，気塊が乾燥断熱線に沿って上昇すると，気塊の温度が周囲大気温度より低くなって上昇はおこらない．気塊が湿潤断熱線に沿って上昇するときは，気塊の温度が周囲大気温度より高くなるので上昇が継続する．温度分布がこの淡灰色領域にある大気は，**条件付不安定**であるという．

　図 3-9 は，説明を容易にするため単純に乾燥・湿潤二つの気温減率線を描いた．実際には，地表からただちに凝結が始まることは稀で，上昇気塊が一定高度に達して初めて凝結が始まる．この凝結が開始する高度を**凝結高度**という．したがって，大気成層の安定・不安定を調べるグラフでは，上昇する湿潤気塊の気温減率線は，凝結高度以下では乾燥断熱線を使用し，凝結高度以上で湿潤断熱線を使用しなければならない．

　実際の大気の温度−高度線は，湿潤断熱線に近い場合が多く，大気成層は絶対不安定になることは稀で，条件付き不安定か絶対安定となる場合が多い．大気成層の安定・不安定を考えるには，高層気象観測結果を解析し，高度ごとに気温が，湿潤断熱線（凝結高度以下では乾燥断熱線）の右側にあるか左側にあるかを判定しなければならない．たとえば，凝結高度から高度 5 km にわたって，温度−高度線が湿潤断熱線の左側にあるときは，なんらかの原因で凝結高度に達する上昇気流が発生すると，ここから気流は湿潤断熱線によって温度が減少

するので，周囲大気より温度が高く，浮力を受け，高度5kmに達するまで上昇を続ける．その結果，雲頂がこの高度に達する対流雲が形成される．

　雷雲は，雲頂が-20℃の温度層を超える背丈の高い対流雲であることを述べた．大気成層が，地表付近からこの程度の上層まで不安定（絶対不安定でも条件付き不安定のどちらでもよい）のときに，雷雲が発生する．

## 3.7　雲の分類

　雲の形はさまざまであるが，雲が現れる高さと形によって分類される．表3-1に雲の国際分類表を示す．雲の名前は，次の四つのラテン語を組み合わせて付けられる．

　　**cumulus**（積み重なった雲 —— 積雲），**stratus**（層状の雲 —— 層雲）

　　**cirrus**（髪の毛のような雲 —— 巻雲），**nimbus** または **nimbo**（雨雲）

また高さについては，2km～6kmの高度に対して **alto** という接頭語が付けられる．

表3-1　雲の国際分類表

| | | | 記号 | 高度 | 温度 |
|---|---|---|---|---|---|
| 層状雲 | 上層雲 | 巻雲(cirrus)<br>巻積雲(cirrocumulus)<br>巻層雲(cirrostratus) | Ci<br>Cc<br>Cs | 5～13km | -25℃以下 |
| | 中層雲 | 高層雲(altostratus)<br>高積雲(altocumulus) | As<br>Ac | 2～7km<br>Asは中層が多いが上層まで広がることもある． | 0～-25℃ |
| | 下層雲 | 層積雲(stratocumulus)<br>層雲(status) | Sc<br>St | 地表付近～2km | -5℃以上 |
| | | 乱層雲(nimbostratus) | Ns | 雲底は下層にあるが，雲頂は中・上層に達することが多い． | |
| 對流雲 | 積雲(cumulus) | | Cu | 0.6～6km | |
| | 積乱雲(cumulonimbus) | | Cb | 雲底は下層にあるが，雲頂は7～14km | -50℃以上<br>(雲頂) |

　もくもくと鉛直方向に大きく発達した**積雲（入道雲）**は，**雄大積雲（cumulus congestus）**と呼ばれる．**積乱雲**の雲頂が，**圏界面**に達すると上方への発達が抑制され，雲の上部は水平に広がり，**かなとこ雲（anvil）**となる．

　一般に，大気成層が不安定（絶対不安定および条件付き不安定）で，暖かい湿った空気塊が上昇するときに雲が形成される．局所的に鉛直に上昇する気流は，対流雲を形成し，大気が広い範囲にわたって上昇するときに層状の雲が発生する．

　寒冷前線および温暖前線上に発生する雲を図3-10に示す．地表天気図では，温帯低気圧の中心からは南西方向に寒冷前線，南東方向に温暖前線が延びる．したがって，温帯低気圧中心の南側の東西鉛直面には，左側に寒冷前線，右側に温暖前線が現れる．図3-10は，この東西鉛直面上の雲を描いたものである．寒気が暖気の下方に侵入する寒冷前線付近では積雲，積乱雲（雷雲）が発生し，暖気が緩やかな傾斜面に沿って寒気の上方に移動する温暖前線上では，乱層雲，高層雲，巻雲などが形成されることが多い．図には描かれていないが，非常に多量の水蒸気を含む空気が上昇するときは，温暖前線上でも積乱雲が発生する．

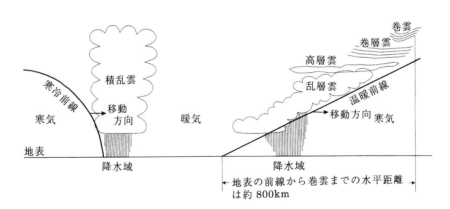

**図3-10** 寒冷前線および温暖前線上に発生する雲

## 3.8　雲から雨が降るしくみ —— 降水機構

### 3.8.1　大気中の粒子の落下速度

　表3-2は，粒子のサイズと落下速度との関係を示す．大気中では，粒子は重力と空気抵抗が平衡する速度 —— **終末速度（terminal velocity）**—— で落下する．この表にみられるように，直径0.01mm以下の水滴あるいは相当重量の氷晶は，終末速度が3mm/s以下で，雲をつくる上昇気流速度（数m/s程度）にくらべ無視できる程度に小さく，ほぼ空気とともに運動する．このサイズ，重量の水滴，氷晶を**雲粒（cloud particle）**と呼ぶ．

　直径0.1mm以上の水滴あるいは同程度の重量の氷晶，氷粒は，終末速度が大きく，総称して**降水（precipitation）**と呼ばれる．降水は地表に落下する場合が多いが，上昇気流速度とのかね合いで大気中に支えられ，あるいは落下中に蒸発して地表に達しない場合もある．このタイプの雲を尾流雲という．

　水粒子，氷粒子以外の大気中の浮遊粒子を総称して**エーロゾル**と呼ぶことは，3.5節で述べた．**エーロゾル**は，粒径によって**エイトケン粒子（$10^{-1}\mu$m以下），大粒子（$10^{-1}\mu$m～$1\mu$m），巨大粒子（$1\mu$m以上）**に分類される．大気1m$^3$中のエーロゾルの個数は，高度1km以上の上層大気および海洋上で$10^8$，人間活動の少ない陸上で$10^9$，都市大気中で$10^{10}$の桁で，その個数の大部分はエイトケン

表3-2　空気中の粒子の終末速度（terminal velocity）

| 直径[$\mu$m, mm] | 終末速度[m/s] | 名　　　称 | | 運　動 |
|---|---|---|---|---|
| 0.1$\mu$m | 0.0000003 | エーロゾル（エイトケン粒子） | | 周囲空気とともに運動 |
| 1$\mu$m | 0.00003 | エーロゾル（巨大粒子） | | |
| 0.01mm | 0.003 | 雲粒（代表サイズ） | | |
| 0.05mm | 0.09 | 大雲粒 | | |
| 0.1mm | 0.03 | 霧雨 | | 周囲空気に対し落下 |
| 1mm | 4 | 雨滴（代表サイズ） | | |
| 3mm | 8 | 大雨滴（分裂直前） | | |
| 5mm | 約4 | あられ | 終末速度は形状にも依存し，直径だけではきまらない． | |
| 10mm | 約10 | ひょう | | |
| 50mm | 約30 | 大粒ひょう | | |

粒子が占めている．

　図3-11は，代表的雲粒，大雲粒，代表的雨滴およびエイトケン粒子のサイズの比較を示す．

　気温は上層へいくに従って低下するので，水蒸気を含む気塊（**湿潤気塊**）が上昇すると，一定高度で飽和し凝結が始まる（この高度を**凝結高度**という）．凝結する水蒸気は，一塊りの水になるわけではなく，エーロゾルを核として微小な水滴となる．大気1m³中には少なくとも$10^8$個のエーロゾルが存在するので，非常に多数の微小水滴が生じ，雲が形成される．湿潤気塊の急速な上昇で形成される雲 —— 対流雲（積雲，積乱雲など）の雲底は，凝結高度に一致しているので，通常水平となる．

　湿潤気塊の上昇が継続すると雲が発達し，雨が降ることはよく知られているが，図3-11にみるように，雲粒と雨滴はサイズに大きな相違があり，雲粒が雨滴に成長するには一定の過程をたどらなければならない．この過程には，**併合過程**と**氷晶生成過程**と呼ばれる二つの過程がある．

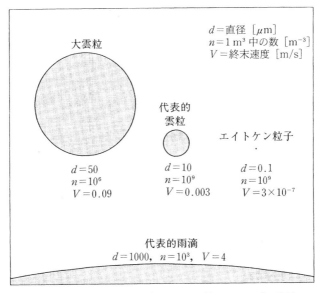

**図3-11**　雲粒，雨滴およびエイトケン粒子のサイズの比較

### 3.8.2 併合過程

　水蒸気が凝結するとき，エーロゾルを核として多数の微小水滴が発生するが，その水滴の大きさには不揃いがある．図3-12に図解するように，大水滴は小水滴より速く落下し，小水滴に衝突して一体となって大粒となり，落下速度は増加する．この水滴はさらに衝突を繰り返し，やがて直径1mm程度の雨滴となって地表に降下する．この過程で降る雨を**暖かい雨**と呼ぶ．この過程は，時間的にはゆっくりと進行するので，暖かい雨は，せいぜい並雨程度で，激しい降雨にはならない．集中豪雨や雷雲の強い雨は，次に述べる氷晶生成過程で生成される．

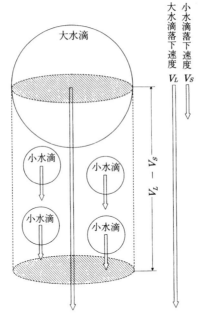

**図3-12　併合過程の説明図**
図の円筒内にある落下速度 $V_s$ またはそれ以下
の小水滴は，1秒間に大水滴に併合される．

### 3.8.3 氷晶生成過程

水蒸気を含んだ空気（**湿潤気塊**）が上昇し，気温0℃の層より上方に達する

と，飽和水蒸気はただちに氷結するわけではなく，エーロゾルを核とする**過冷却水滴**となる．気温 0℃〜-10℃ の大気中では，飽和水蒸気は水に溶けやすいエーロゾルに接触してその周囲に凝結して液化するが，エーロゾルに接触してその周囲に氷結することはない．気温が -10℃〜-20℃ の低温になると，飽和水蒸気は，形状が氷晶に似たエーロゾルに接触して，はじめてその周囲に氷結して氷晶となる．<u>この形状が氷晶に相似し飽和水蒸気氷結の核となるエーロゾルは**氷晶核**と呼ばれる</u>．**氷晶核**の数ははなはだ少く，$1 \mathrm{m^3}$ 中に $10^4$ 個程度で，エーロゾル密度の約 1 万分の 1 である（エーロゾル密度は最低 $10^8/\mathrm{m^3}$）．

　-10℃〜-20℃ の低温大気中ではいったん氷晶が生成されると，過冷却水滴はこれに接触して即座に氷晶あるいは氷粒となる．このようにして飽和水蒸気は，密度の低い**氷晶核**を中心にして氷結するので，氷晶あるいは氷粒は急速に成長して**雪，あられ，ひょう**となって落下する．

　この過程は，時間的に急速に進行し，下層から水蒸気を含んだ空気が多量に補給されると，**雪，あられ，ひょう**が短時間に多数生成され，激しい降水となる．地表に近い低層の気温が 0℃より高いときは，降水は途中で融けて豪雨となる．この過程で生ずる降水を**冷たい雨**と呼ぶ．

## **3.9** 雷雲の観測手段

### **3.9.1** 気象レーダ

　**レーダ**（**radar**）は，radio detection and ranging の略称で，電波のパルスを発信し，目標物からの反射パルスを受信して，その位置，サイズを探知するものである．**気象レーダ**は，波長 3.2 cm，5.7 cm，あるいは 10 cm のマイクロ波を用い，大気中の降水域を**エコー**（反射像）として表示する．気象レーダは，アンテナ，送受信機および指示機からなり，指示機には，**PPI**（plane position indicator）と **RHI**（range height indicator）の 2 方式がある．

　**PPI** は，アンテナを水平面で回転させ，指示機では極座標を使ってエコーを表示するもので，図 3-13 にみるように，降水域の水平分布が地図と同様に示される．図 3-13 では，中心がレーダ位置で，白円は 10 km おきの等距離線である．西方向（左方向）30 km〜40 km にある多数の丸い白い斑点が，雷雨またはにわ

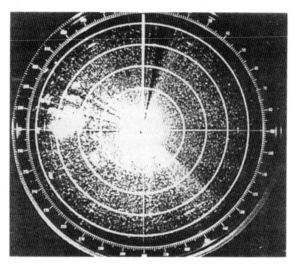

図3-13　PPIエコーの一例，中心がレーダ位置で，円は10kmおきの等距離線，西方向（左
方向）30km〜40km付近にある丸い白色部分の集合が雷雨または驟雨のエコー．

か雨のエコーである．

　RHIは，アンテナの方位を一定に保ち，周期的に仰角を変化させて，縦軸に
エコーの高度，横軸にエコーの水平距離を表示するもので，図3-14にみるよう
に降水域の鉛直断面が示される．図3-14の縦の白線は，10kmおきの水平方向
の等距離線，横の白線は，10kmの等高度線である．中央の地表から画面上限ま
でとどく縦長の白い画像が，雷雲のエコーである．

　目標がレーダに近づく運動をしているときは，反射波は周波数が高くなり，
目標がレーダから遠ざかる運動をしているときは，反射波の周波数は低くなる．
この周波数変化を測定して，目標のレーダに対する相対運動の速度を検出する
レーダをドップラーレーダという．**ドップラーレーダ**を気象レーダとして使用
すると，観測点に対する降水域の相対運動速度を知ることができ，降水域の空
気の運動を知る手掛かりが得られる．二つの地点にドップラーレーダを設置し
て同時観測を行えば，対流雲内の気流分布を推定することができる．また空港
にドップラーレーダを設置して，降水域の水平運動を監視すれば，航空機に危
険な突風を探知することができる．

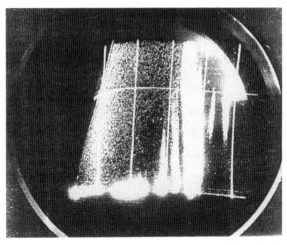

**図3-14** RHIエコーの一例，縦の白線は10kmおきの水平等距離線，横の白線は10kmの等高度線，中央の地表から画面上限にわたる縦長の白い部分が雷雲のエコー．

### 3.9.2 一般気象観測

一般の気象観測においては，雷雲・雷放電は目視によって観測される．気象観測は国際的に統一して行う必要があるので，世界気象機関（WMO）は各国の合意に基づき，気象測器と観測方法の基準をガイドとして発行している．日本は，これを受けて，気象庁が定時観測を行っている．

[**地表観測**] 各都道府県には，最低1個所気象官署（管区気象台，海洋気象台，地方気象台，測候所など）が設けられ，気圧，気温，湿度，風，降水量，雲，視程，天気の観測と記録が行われている．雷雨時には，観測員は電光，雷鳴の時刻，強弱，方向を観測し記録する．気象観測で雷鳴が観測された日は，その回数を問わず<u>**雷日**</u>と定義される．月，年など一定期間の雷日数は，その地域の雷活動の強弱を表す指標として用いられる．

わが国では，さらに細かいスケールの気象観測として，**アメダス**（AmeDAS，**地域気象観測システム**）が稼働している．アメダスは，無人の自動気象観測装置で，気温，風，日照，降水量の4要素を自動観測し，電話回線を通じてデータを気象庁に集中する．観測点は，約21km間隔で設置され全国で838地点あり，これに降水量だけを自動観測する装置を加えると観測点の総数は約1300と

なる．アメダスの観測要素には雷光，雷鳴は含まれていない．

　最近，気象庁の人員削減で，観測員の配置された気象官署の数が減少し，上記の電光，雷鳴の観測は，廃止の運命にある．1875年の気象業務開始以来，123年間継続された電光，雷鳴の観測記録が断絶することは，気象データの普遍的な連続性が失われる結果になる．このような気象庁の人員削減は，地球科学の発展に逆行するもので，今後の是正処置が望まれる．

　［高層気象観測］　　全国に分布する20の気象官署では，WMOのガイドに従って，9時と21時（**世界時**の0時と12時）に<u>レーウィンゾンデ（電波発信機を備えた観測気球）</u>を飛揚し，気球搭載のセンサーで高度30kmまでの気圧，気温，湿度を測定し，気球の電波追尾で風向き，風速を算定する．また，15時と3時（**世界時**の6時と18時）には気圧計を搭載する気球を飛揚し，その電波追尾を行って，各高度における風向，風速を算定する．

　［レーダ観測］　　気象レーダは，気象官署および特定地点を合わせ全国に20台が設置され，降水域の連続観測を行っている．これに加え，主要な8空港には空港専用の気象レーダが設置されている．

　［ロケット観測］　　岩手県稜里では，週1回水曜日（世界地球物理観測日）に気象ロケットが打ち上げられ，高度30kmから200kmまでの気温と風が測定される．雷雲の観測に直接的な関係はないが，地球科学的には重要な観測である．

### 3.9.3　航空機および気球による観測

　雷雲内では上下の気流，乱流が極めて激しいので，航空機は雷雲を避け迂回して飛行する．しかし，雷雲の研究のために，センサーを搭載した航空機で，雲内を飛行し，電界を測定し，雲粒，降水粒子を捕捉，計測するなどの観測が行われる．

　また，雷雲中を飛揚する気球に小型センサーと無線発振器を搭載して，雲内の電界を測定し，雲粒，降水粒子を捕捉，計測するなどの観測も行われている．気球は，定常気象観測に使われる**レーウィンゾンデ**を基本にし，これに研究用のセンサーと無線発振器を搭載する場合が多い．

第**4**章

# 雷雲の気象学的特徴

## **4.1** 雷雲のセル（cell）構造

　第二次世界大戦の終わった翌年1946年にアメリカのフロリダ州で，1947年にはオハイオ州で，サンダーストームプロジェクトと呼ばれる大規模な雷雨の観測が行われた．このプロジェクトは，雷雨による航空機災害を防止することを目的に，アメリカの気象局，航空局，空軍，海軍が共同で行ったものである．

　オハイオ州では，南北32km東西13kmの地域にわたって，3.2kmおきに地上観測点を設け，気象要素を自動記録した．また数個所にレーウィンゾンデの受信機を配備して高層気象観測を行い，気象レーダを設置して雨域の三次元観測を行った．また戦闘機P61に各種のセンサーを取付け，雷雲中を飛行してデータを収集した．

　1949年，バイヤスとブラハム（H.R. Byers and R.R. Braham）[11]は，「雷雨（The Thunderstorm）」と題する著書に，このプロジェクトの成果を記述している．その主要な結果を以下に述べる．

　雷雲は**セル**（**cell**，**細胞**）と呼ばれる雲の単位からなる．セルは，発達期，成熟期，減衰期というライフサイクルを経過し，各期の持続時間は約15分，合計45分で一生を終わるという短時間現象である．成熟期のセルは上昇・下降の気流の対を含み，直径4km〜8kmの水平の広がりとなる．単一セルで終わる雷雲は，対流活動，放電活動がともに弱く，多数のセルが次々と発達する雷雲は，活動が激しく，長時間継続し，雲頂高度が高く水平の広がりも大きくなる．図4-1に各期のセルをモデル化して示す．

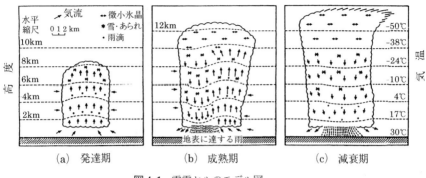

図4-1 雷雲セルのモデル図
(バイヤスとブラハム[11])

図(a)の**発達期**では，気流はすべて上昇気流で，水蒸気の凝結で雲が形成される．雲が -20℃ の温度層より上方に成長すると，あられを主成分とする降水粒子が生成される．上昇気流が強いので地表へは落下しないが，雲中では降水活動が活発となり，放電活動が始まる．

図(b)の**成熟期**は，降水が地表に達する時期から始まると定義され，上昇気流と下降気流が共存し，降水，放電活動がともに最も盛んになる．上昇気流は雲の上部で最も強く，強い雷雲では，雲頂は圏界面（対流圏と成層圏の境界）に達する．下降気流は雲の下部で強くなり，地表に達して発散する冷気となり，雷雲前方にガストフロント（陣風線）と呼ばれる小規模の寒冷前線を形成する．

図(c)の**減衰期**では，上昇気流が消失し下降気流が雲の全域に広がる．降水がすべて落下すると雲は消滅する．実際には，セルの前方に，新しいセルが成長し，明確な雲の消失にはならない場合が多い．

発達，成熟，減衰各期のセルを，雲の鉛直断面を示す RHI レーダ（3.9.1 項 p 35 参照）で観測した結果を，図4-2 に示す．レーダエコーの強さは，送信電波強度に対する受信電波強度の比であらわし，dBZ という単位であらわされる．エコーの強さは，降水粒子のサイズと濃度で決まり，エコー域の降水強度にほぼ比例する．

発達期，雲頂が -20℃ 温度層をつきぬけて上昇すると，雲内に多量のあられが生成されてレーダにエコーが出現する．雲の成長とともにエコーの強さが増加し，その領域も拡大するが，あられは上昇気流に支えられ，地表には落下し

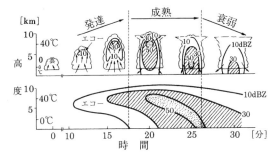

図 **4-2** 雷雲セルのライフサイクルにおけるレーダエコーの消長
(道本光一郎[63]，p 31)

ない．成熟期に入ると一層大粒のあられ，ひょう粒子が生成され，これらは上
昇気流に逆らって落下し，地表に降り始める．この領域は 50 dBZ という強いエ
コーとなって観測される．減衰期に入るとエコー域がすべて下降し，やがて雲
全体が消失する．図 4-2 の下図では，それぞれの強さのレーダエコーが時間軸
に対し，どのように高度を変えるかを示した．

## 4.2 雷雲発生の条件と雷雨の分類

雷雲の発生には，水蒸気を多量に含んだ空気が，-20℃温度層（夏季は約
7 km，冬季は約 4 km の高度)をつきぬけて上昇する必要がある．これには次の
二つの条件が充足される必要がある．

(1) 対流圏の中，高層まで大気成層が不安定となっている．たとえば，下層大
気の温度，湿度が高く，上層大気が比較的寒冷で乾燥しているときである．

(2) 気塊を地表から一定高度まで強制的に上昇させ,不安定を解消する上昇気
流を開始させる大気運動がおこる．

(2)の大気運動がおこるのは，主として次の五つの場合である．

(2-1) 低気圧によって上昇気流がおこる（低気圧雷あるいは渦雷）．

(2-2) 寒冷前線，温暖前線で寒気が暖気を押し上げる（前線雷あるいは界
雷）．

(2-3) 日射によって地表温度が上昇し，下層大気の温度が上昇する(熱雷)．

(2-4)　寒気団が比較的温度の高い海面上を移流し，下層から熱と水蒸気が供給される．たとえば，冬季シベリア気団が季節風となって日本海上を移流するとき（移流雷）．

(2-5)　水平気流が山の斜面によって上昇気流となる（地形性雷）．

　これらの大気運動に対応し，それぞれの雷雨には括弧内の名称が付けられる．しかし，実際の雷雨は複数の条件が備わって発生する場合が多いので，複合した名称を付けないと実態にあわない．たとえば，夏季の平野部に発生する雷雨は，前線通過を伴うものが多く，熱界雷と呼ぶべきものである．

## 4.3　組織化されたマルチセルストームと雷雲内外の気流循環

　1949年のバイヤスとブラハム[11]以後，雷雲の気象学的研究はさらに長足の発展をとげた．1982年，ケスラー（E. Kessler）は，雷雲の研究者数名に執筆を依頼し，これをまとめた「雷雨（The Thunderstorms）」と題する叢書を刊行した．その中でブラウニング（K.A. Browning）[12]は，「中緯度雷雨の気流循環（General Circulation of Middle Latitude Thunderstorm）」と題して，この分野の成果を概括し，雷雲発生の条件，雷雲内外の気流構造などを明らかにした．

　活動の活発な雷雲は，複数のセルが相互の活動を強め，一定方向に移動する．この型の雷雲を**組織化されたマルチセルストーム**という．図4-3は，**組織化されたマルチセルストーム**の進行方向の鉛直断面を示す．上昇気流は，前方の高度2km以下の低層から流入する湿った空気によって補給される．この気流は上昇に転じて雲を形成し，雲頂近くまで上昇すると，再び水平に向きを変え雲の後方に流出する．雲の後方中層から補給される乾いた空気は，雲内では降水の蒸発で気温が急激に低下して下降気流を強める．下降気流は地表ですべての方向に発散し，進行方向に流出する冷気は，雷雲の前方に**ガストフロント（陣風線）**をつくり，前方から流入する空気の上昇を助ける．この前方に広がる下降気流は，雷雲の活動を持続し，個々のセル活動を結合する働きをする．

　雲中の上昇気流速度は，上層ほど大きくなり雲頂付近で20km/s程度となる．雲中の下降気流速度は，下層ほど大きくなるが一般に上昇気流より小さい．

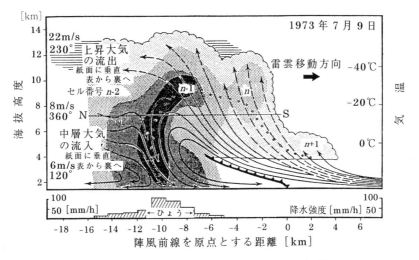

**図4-3** 組織化されたマルチセルストームのモデル図
(ブラウニング[12])

## 4.4 激しい雷雨が発生する条件

　雷雲発生の必要条件は，大気成層が不安定であることを4.2節で述べた．雷雨の活動を激しくする第一の要件は，この大気成層の不安定度が大きいことである．雷雲中では落下する降水が，空気を引きずり下ろして上昇気流を弱め，対流活動にブレーキをかける作用がある．この降水のブレーキ作用を最小化することが，雷雨の活動を激しくする第二の要件である．

　激しい雷雨が発生する具体的条件として次の二つを挙げることができる．

### （1） 大気下層に気温逆転層が存在する場合

　一般に気温は，高度とともに減少するが，高度2km付近の境界層に，高度とともに気温が増加する薄い気層があらわれることがあり，逆転層と呼ばれる．逆転層は，大気層が沈降するとき，山岳地から乾燥した空気が流入するときなどに発生する．また雷雨とは直接の関係はないが，夜間の放射冷却で地表付近の空気が冷えて逆転層を生ずることもある．図4-4は，フォーブッシとミラー（E. J. Fawbush and R.C. Miller）[13]が提示した激しい雷雨発生直前の高層気

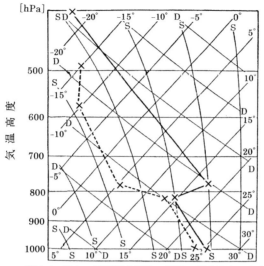

**図4-4** 激しい雷雨発生直前の気温と湿球温度の高度分布
（フォーブッシュとミラー[13]）

温観測75例の平均を示す．これはエマグラムの一例で，高度は気圧目盛で表示
されている．気温を示す太い実線は900hPa（高度約2km）付近で，部分的に
急増している．これに対応する大気層が逆転層である．太い破線であらわされ
る湿球温度計（受感部を湿ったガーゼで包んだ温度計）の値は，気温の急増に
対応して急減し，逆転層の下層では湿度が高く，上層では低く，その差が極め
て大きいことを示している．

　大気成層が全体的には不安定になっているとき，逆転層が存在すると下層か
らの上昇気流はそこで抑制される．たとえば日射が強い夏の午後には，逆転層
より下層では，大気の温度，湿度が増加し不安定度が高くなるが，逆転層のた
めに不安定状態が維持される．このとき前線通過，近傍の雷雨からの冷気の流
出などで，逆転層を突破する上昇気流がおこると大規模の対流に発展し，活動
の激しい雷雨の出現となる．

**（2）　強い鉛直ウィンドシャーが存在する場合**

　水平風の速度および方向が，高度とともに大きく変わるとき，これを**鉛直ウ
ィンドシャー（vertical windshear）が強い**という．図4-5は，水平風の鉛直分
布の三つの異なるタイプを示す．図4-5は風のホドグラフと呼ばれるもので，

グラフの黒丸には高度が km 単位で記されている．原点から各黒丸に向かう矢印線が，その高度の風向，風速を示す（矢印線の方向が風向，その長さが風速をあらわす）．図(a)は水平風速が比較的小さくかつ，高度による風速，風向の差がほとんどない場合で，この環境で発生する雷雨は，シングルセルで終わり，活動は弱い．図(b)は地表から高度 12 km にわたって風速，風向が大きく変わる強い鉛直ウィンドシャーが存在する場合で，このとき発生する雷雨は**組織化されたマルチセルストーム**となって，長時間激しい活動を継続する．個々のセ

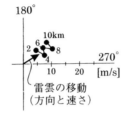

(a) 弱い単一セルストーム

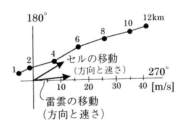

(b) 組織化されたマルチセルストーム

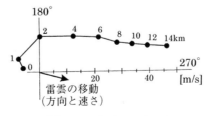

(c) スーパーセルストーム

図4-5 雷雨時のウィンドシャー・ホドグラフの三つの型
　　　（ブラウニング[12]）

ルは高度6kmの風向の方向に移動するが，雷雨全体はこれより右よりの方向に移動する．図(c)は高度4km以下で，風向が高度とともに大きく右回りに変わる特徴的な鉛直ウィンドシャーとなっている．このとき発生する雷雨は後述する**スーパーセルストーム**となり，高度6kmの風向より大きく右よりに転向しながら移動する．

　鉛直ウィンドシャーが強いと，平均水平流で運ばれる雷雲は，図4-6(a)に見るように下半分では向い風を受け，上半分は追い風を受ける．その結果，主要な流線は，図(b)のようになり，上昇気流域で形成される降水は，上昇気流を妨げることなく，雷雲後方から流入する乾燥した気流域に落下して，その下降運動を強め，雷雲の気流循環を活発化し，強い対流活動を維持する．

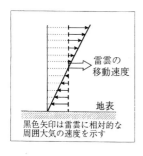

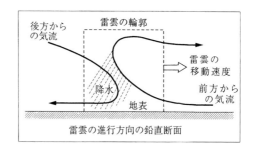

(a)　ウィンドシャーと雷雲に
　　相対的な水平流

(b)　ウィンドシャーの影響による雷雲の気流分布

図4-6　強い鉛直ウィンドシャー大気中の雷雲の気流モデル図
　　　（ブラウニング[12]）

## 4.5　スーパーセルストーム（supercell storm）

　鉛直ウィンドシャーが強く，とくに4.4節(2)で述べたように，中・下層で風向が高さとともに右回りに大きく変化するときは，マルチセルストームの各セルが完全に融合し，定常的な激しい対流活動が数時間にわたって継続する．対流活動の水平のサイズも大きくなって直径50km程度に広がり，雲頂は圏界面に達して水平に広がる．このタイプの雷雨を**スーパーセルストーム**と呼び，レ

ーダで観測すると共通した独特なエコーを示す．ニュートン(C.W. Newton)[14]
は，**スーパーセルストーム**の特徴を，次のように図解している．

図4-7は地表付近の平面エコー（PPI エコー）および高層の風向方向を含む
鉛直面エコー(RHI エコー)を示す．小さい黒点でハッチした部分がエコーで，
大きい黒丸で降水の落下経路を示す．実線で囲んだ部分は，下層から流入する
湿潤気流とこの気流が上昇し水蒸気を落下させて上層風の方向に流出する経路
を示す．この気流と交叉して乾燥した空気が中層から流入し，地表に下降し向
きを変えて下層風方向に抜け出す．この気流の一部は地表で全方向に発散する．

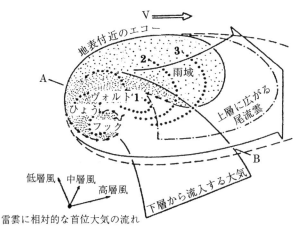

（a） 水平面上に示したレーダエコー，降水粒子，気流

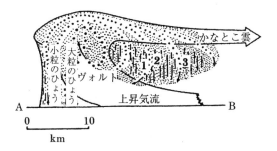

（b） 鉛直断面上に示したレーダエコー，降水粒子，気流

**図4-7** スーパーセルストームのレーダエコーと気流
（ニュートン[14]）

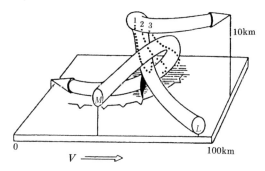

**図4-8**　スーパーセルストームの気流を示すモデル図
（ニュートン[14]）

図4-8は，これらの二つの気流を示すモデル図である．

　スーパーセルストームは，北アメリカ大陸のロッキー山脈とアパラチャ山脈の間に位置する中央大平原でしばしば発生し，トルネード発生の親雲となることで知られている．

　スーパーセルストームは，このような直径数百kmを超える大平原で発生するもので，中国大陸の平野部でも観測される．わが国では，特性が類似した雷雲が観測された事例はあるが，スーパーセルストームそのものの出現はみられない．

## 4.6　ダウンバースト（downburst）

　アメリカ中南部では，マルチセルストーム，スーパーセルストームが親雲となってトルネード（竜巻）が発生することはよく知られている．わが国では，1年あたり約20個の陸上竜巻が発生する．台風，低気圧，前線に伴って発生する場合が多く，この中には雷雲を親雲として発生する事例が多数含まれる．

　竜巻以外に雷雲に伴う気象災害に，**ダウンバースト（downburst）**があることが，近年の調査で明らかになった．**ダウンバースト**は**下降噴流**あるいは，**下降流突風**と訳されているが，最近では**ダウンバースト**が，広く使われるようになった．1996年，上田　博[15]は，ダウンバーストの最近の研究結果をまとめた報告を発表している．

　雷雲内の下降気流の鉛直速度は，下層ほど大きくなり，地表直上で最大になり，地表面に強く衝突する．その結果，非常に強い局地的な発散風が生じ，航空機事故，建物破壊，樹木・電柱倒壊，農作物被害などをおこすことがある．被害は，直径約5kmの円内に集中し，風向を推定すると放射状に発散している．このような事故の調査例が増加し，またドップラーレーダのような有効な風の観測手段が普及して，この現象がよく知られるようになった．

　わが国では，1981～1994年の13年間に75個のダウンバーストが記録されている．ダウンバーストをおこす雷雨の割合は比較的低いが，災害記録のあるダウンバーストは，必ず雷雨に伴って発生していて，降ひょうを伴う場合はとくに被害が甚大となっている．1992年9月8日埼玉県美里町では，中学校の体育館のガラス窓がすべて破壊され，生徒等73人が負傷した．1996年5月22日大分県玖珠町では，木造の公民館が全壊し，同じ雷雨域内の6個所で大小のダウンバースト被害が発生した．アメリカでは，1974～1985年の間に11件の民間航空機事故を引き起こし，500人を超える死傷者を出している．関西国際空港，成田国際空港には，**気象ドップラーレーダ**が設置され，ダウンバースト監視業務が開始されようとしている（3.9.1項ドップラーレーダ，p34参照）．

## 4.7　わが国における雷雨活動

　夏季わが国でおこる雷は，熱雷，界雷，地形性雷およびこれらが複合したものが多い．関東地方北西部，長野県，岐阜県，九州南部などの山岳地域では地形性熱雷が多発するが，山岳地域では下層の湿った空気の収束が地形で妨げられるので，激しい雷雨には発展しない．関東平野，濃尾平野などの広い平野に発生する雷雨，あるいは山岳域で発生して平野に移動する雷雨は，**マルチセルストーム**となって激しい活動を展開する．

　晩秋から冬季にかけて日本海沿岸では，しばしば雷がおこる．これは冷たいシベリア気団が相対的に暖かい日本海上を移流することが主因となり，これに前線通過，低気圧発生などの副因が加わって発生する．夏の雷雲にくらべ，対流活動，放電活動は弱いが，ときに破壊作用の極めて大きい落雷をおこすことがある（7.4.4項，p102参照）．

　また季節，地域を問わず前線，低気圧でしばしば雷が発生する．大気成層が不安定で雷雲発生条件が備わっていると，地表天気図に表示される低気圧（シノプチックスケールの低気圧）に限らず，天気図に描かれない局地的な低気圧がきっかけとなって雷雨が発生することもある．

　電光，雷鳴が観測された日はその回数を問わず雷日と定義することは，3.9.2項「一般気象観測」（p 35）で述べた．図4-9 は，1954〜1963 年の平均に基づくわが国の年間の雷日数の分布を示す．関東地方北西部，九州北部および南部は雷日数が 35 を超える多雷地域になっていることがわかる．月別の雷日数をみると，これらの地域の雷は，5〜9月に発生するものが多く，とくに8月の発生率が高い．

年間雷日数
（1954〜1963）

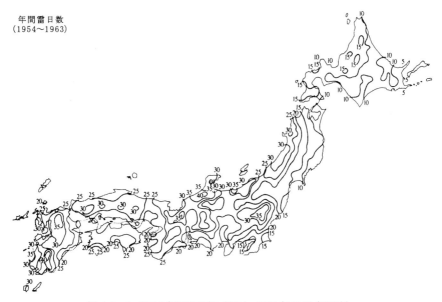

図 4-9　わが国の年間雷日数（1954〜1963 年の 10 年平均）
　　　　（気象庁データ）

　図 4-10 は，8月の雷日数分布を示す．図 4-11 は，12 月の雷日数分布を示す．秋田県から島根県に及ぶ日本海沿岸では，この季節に比較的多く雷が発生する．これが第7章で述べる冬季雷である．図 4-9 では，石川県の日本海沿岸も多雷地域になっている．これはこの地域では冬季に発生する雷が加算される結果である．

月間雷日数：8月
（1954〜1963）

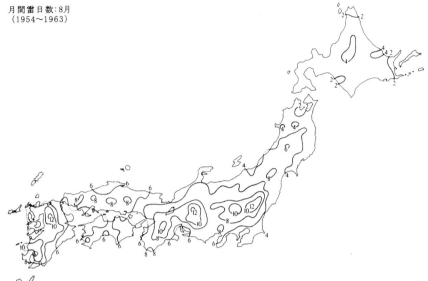

**図4-10** わが国の8月の月間雷雨日数（1954〜1963年の10年平均）
（気象庁データ）

月間雷日数：12月
（1954〜1963）

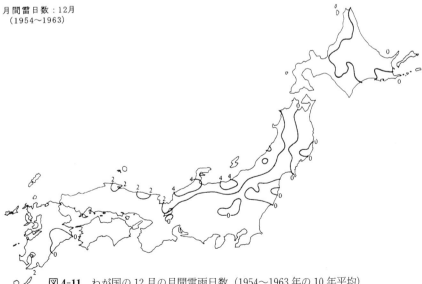

**図4-11** わが国の12月の月間雷雨日数（1954〜1963年の10年平均）
（気象庁データ）

第**5**章

# 雷雲の電荷分離機構

## 5.1 雷雲内の電荷分布

### 5.1.1 電荷分布の三極構造

従来，雷雲は，上部が正に帯電し，下部が負に帯電する二極構造の電荷分布として扱われることが多かった．しかし夏の雷雲は，成熟期には図5-1のモデル図のように，正・負・正の三極構造となる．

次節で述べるように，1937年，シンプソン（G.C. Simpson）[24]は，気球観測の結果に基づいて，図5-6（p 56）を発表して雷雲電荷の**三極構造**を指摘した．

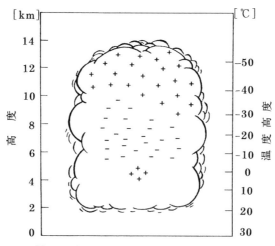

図5-1　成熟期の雷雲セルの電荷分布モデル図

　近年，多地点で雷放電による急変化電界を同時測定し，その結果を数値解析して，放電で中和された電荷の位置と量を算出する観測が，世界各地で行われ，雷雲の電荷分布の立体構造が明確になってきた．その結果も，セルの成熟期には，下部の負電荷の下方，0℃温度層付近に正電荷が分布することを示している．

　1989年，ウィリアムズ（R.E. Williams）[16]は，夏季雷雲の電荷分布に関する論文をくまなく概括して，電荷分布の三極構造が確実であることを報じている．しかし，冬季の雷雲については，下部正電荷の存在を示す観測データがなく，電荷分布の三極構造は必ずしも明確ではなかった．1993年，道本光一郎（K. Michimoto）[17]は，気象レーダによって冬季の雷雲を観測し，同時に地表27個所に設置した回転集電器（フィールドミル）の記録と回転集電器を搭載した自動車による移動記録とを解析して，雷雲電荷の三次元分布が時間とともにどう変わるか調べた．その結果，冬季の雷雲も，成熟期初期には三極構造の電荷分布をとることを見出した．道本は，冬季の雷雲では上昇気流が弱く，正に帯電したあられの滞空時間が短いために，雲の下部に正電荷分布が出現する期間は極めて短く，数分程度になることを明らかにした（7.4節，p 96参照）．

　1996年，北川信一郎[18]は，ウィリアムズおよび道本光一郎の論文に基づき，図5-2に示す夏季および冬季の雷雲の電荷分布モデルを提示した．細い実線は目視またはカメラ像の雲の輪郭，太い実線はレーダエコーの輪郭である．気象学では，大気中の高度をその高度の気温で表示する方法がしばしば採用され，**温度高度**という用語が使われる．この図では，共通の**温度高度**を用いて，夏，冬の雷雲の鉛直断面を描いている．この表示法によって，冬季は，圏界面（対流圏と成層圏の境界面）が下降し，地表面がせり上がって，対流活動の鉛直範囲が夏季にくらべ，著しく狭くなっていることが明瞭にみられる．その結果，冬季雷雲では，上昇気流が夏季にくらべ著しく弱く，あられの滞空時間が短くなり，これに担われる正負電荷が雲中に存在する期間も短くなる．図5-2では，このような短命な電荷分布を，括弧で囲み（＋），（－）で示している．この図は，雷雲をシングルセルとしてモデル化して描いたもので，複数のセルが組み合わされる雷雲では，電荷分布はこれよりはるかに複雑なものとなる．

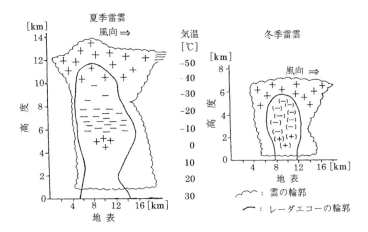

図5-2 夏季および冬季の雷雲の電荷分布モデル図
夏冬二つの図は共通の温度高度で描かれている.
(北川信一郎[18])

### 5.1.2 落雷で中和される負電荷の分布

夏季雷雲では,雲放電で中和される電荷は,海抜高度で4kmから12km,温度高度で0℃から-50℃という広い範囲に分布し,セルの各期に応じて放電のおこる高度が変化する.これに対し,落雷で中和される負電荷は,常に温度高度で-10℃～-30℃という範囲に分布する.図5-3は,コスハークとクライダー(W.J. Koshak, and E.P. Krider)[8]による観測例を示す.彼らはフロリダ州のケネディ宇宙センターに設置された電界測定網の17個所の電界計で記録された落雷の急変化電界を解析し,最小自乗法によって落雷で中和された電荷の位置と大きさを求めた.図5-3は,結果の一例で,高度を縦軸,時刻を横軸とするグラフに○印で電荷の位置を示す.プロットされた円の直径は電荷の大きさに比例し,円中の数字はC(クーロン)でその値を示す.20分間継続した観測期間中,電荷中心は温度高度-20℃付近に位置するものが多く,大多数が温度高度-10℃～-30℃という範囲内に収まっている.

一つの落雷は,**雷撃**と呼ばれる放電を3～4回繰り返す場合が多く,多重落雷と呼ばれる(6.6節p76参照).クリビエル,ブルック等(P.R. Krehbiel, M. Brook, R.L. Lhermitte, and C.L. Lennon)[9]は,多重落雷に含まれる雷撃ごと

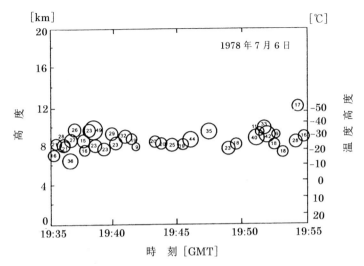

図5-3 落雷で中和される電荷の位置と大きさ
円内の数値はクーロンを単位とする電荷をあらわし，円の大きさは電荷に比例する.
(コスハークとクライダー[8])

の電界変化を解析し，各雷撃で中和された電荷の位置を求めた．図5-4はその
結果の一例を示す．小さい閉曲線で囲まれた部分は各雷撃で中和された電荷で，
どれもほぼ同じ高度に位置する．フロリダ州のケネディ宇宙センターと海抜約
1800mのニューメキシコ州における観測結果を比較すると，地表からの高度は
異なるが，温度高度で見ると各雷撃で中和された電荷の位置は，すべて -10℃
〜-20℃という温度高度範囲に収まっている．図5-4は，同様の方法で求めた雲
放電で中和された電荷の位置も示している．中和された電荷は，海抜高度で
7kmから15kmに及ぶ広い範囲に分布している.

　5.4.3項で述べるように -10℃〜-20℃という温度高度層では，雷雲の負電荷
密度が最も高くなる．コスハークとクライダーまたクリビエル，ブルック等の
観測結果は，この高い密度で分布する電荷だけが，落雷をおこすことを示して
いる.

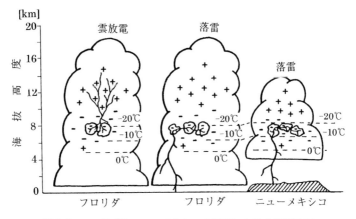

**図5-4** フロリダとニューメキシコの雷雲における電荷分布
(ブルック提供)

## 5.2 シンプソンとウィルソンの論争

雷雲の電気に関しては，20世紀の初頭から活発な研究が始まり，多くの研究結果が発表され，その当否が論議された．その中で1920年代のシンプソンとウィルソン（C.T.R. Wilson）の論争が有名である．

1927年，シンプソン[19]は雷雲上部は負に帯電し，下部は正に帯電していると考え，電荷分離の機構としてレナード（P. Lenard）[20]の水滴分裂説を取り上げた．大粒の水滴は落下中に分裂し，分裂でできた小水滴は正に帯電し，大気中にはこれに対応する負イオンが発生するという説である．シンプソンは，分裂でできた小水滴は，上昇気流で支えられて雷雲下部の正電荷領域を形成し，負イオンは上昇気流で運ばれ雲の上部の雲粒に付着して上部の負電荷領域を形成すると説明した．

一方ウィルソン[21][22]は，雷雲に対する遠近さまざまな地点で，地表電界と放電による急変化電界を記録し，その結果を解析して，雷雲は上部が正，下部が負に帯電していると結論した．晴天静穏時(晴天無風のとき)，地球を取り巻く電離層は正に，地表は負に帯電し，地表には上から下に向かう静穏時の大気電界(3.3節，p18参照)が存在する．ウィルソン[23]は，図5-5にみるように，雨

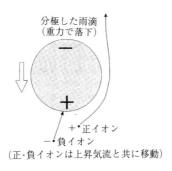

＋　＋　＋　＋　＋　＋ 電離層内に
卓越する
正電荷

分極した雨滴
（重力で落下）

＋・正イオン
－・負イオン
（正・負イオンは上昇気流と共に移動）

－ － － － － － －地表面の負電荷

**図5-5**　ウィルソンのイオン選択捕捉説の説明図
　　　　分極した雨滴は，落下中に正イオンを反発し，負イオンを捕捉して負に帯電する．

滴は晴天静穏時の大気電界によって上負・下正に分極し，落下中に，正負イオンのうち正イオンを反発し，負イオンを吸収して負に帯電すると考えた．この雨滴が下部負電荷領域を形成し，正イオンは上昇気流で運ばれて雲上部の雲粒に付着し上部正電荷領域を形成する．これが，ウィルソンのイオン選択捕捉説である．

　雷雲の電荷分布に関し，両者は正反対の考えを主張したので，当時の世界中の学会で大きな問題となった．シンプソンはイギリス気象台長の職にあり，ウィルソンはノーベル賞受賞の物理学者で，いずれもこの分野の指導的科学者であったから，世界中の雷の研究者が二派に分かれて議論を交えるような状況となった．

　1928年9月グラスゴー大学で開かれた雷研究の発表会は，この論争の頂点となった．最初に壇上に登ったシンプソンは，豊富な写真や図面を使って，色々な雷現象を一つ一つ見事に説明し，雷に関するすべての現象がすっかり判明したような印象を聴衆に与えた．

　ついで登壇したウィルソンは，声が小さく，説明のために黒板に描く図もはなはだ下手で，発表の仕方は一向に冴えなかった．しかし自ら実測した結果を語る報告には，それなりの説得力があった．二人に引き続き，多くの研究者による雷研究の結果が発表されたが，南アフリカその他世界各地における観測結果は，ことごとく，ウィルソンの結果を支持するものであった．この日の活発な討論の終わりに，シンプソンは立ち上がって，自分の説が今回の多くの研究結果と矛盾する問題については，いずれ論文で返答したいと述べ，この劇的な研究発表会は終了した．

　シンプソンは，グラスゴー発表会後，地表電界の記録による雲中の電荷分布の推定には，不確定性が避けられないので，気球による雲内の電界の直接測定が必要と考え，気球用の自記電界計を開発した．彼は，この電界計を気圧計，温度計とともに気球に搭載して，雷雲中に放球して観測を行った．当時は，電波で記録結果を地表に送信するレーウィンゾンデは，まだ開発されていなかったので，気球が一定高度に達すると，計測器は気球から切り離され，パラシュートで着地し，発見者が気象台へ回送するのを待つという回収方法をとった．シンプソンは，測器の開発に5年，雷雲への放球，記録の回収，解析に4年を費やし，グラスゴー発表会から10年目に，ようやく約束した論文を発表した[24][25]．

　図5-6はこの論文に提示された雷雲のモデル図を示す．雲の上部の広い領域

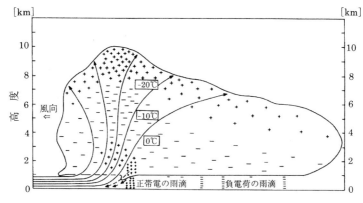

図5-6　シンプソンの雷雲モデル図
(シンプソン等[24])

に正電荷が分布し，雲の中部には負電荷が分布し，その直下の高度2km〜4km
の狭い領域に正電荷が分布し，全体的には鉛直に，正・負・正の三極構造とな
っている．電荷の代表値はそれぞれ +20・-25・+5C で，下部の正電荷は分布
領域が小さいので**ポケット正電荷**（positive pocket charge）と名付けられた．
これでグラスゴー発表会で問題となった電荷分布の矛盾点がようやく解決され
た．この他，シンプソンが明らかにした重要な結果は，雷雲は極めて背丈が高
く，雲頂は高度10km，温度で -30℃ 程度の低温層に達し，雲粒，降水の大部
分は，氷晶，雪，あられなど氷相になっているということである．当時はまだ
雷雲のセル構造は判明していなかったが，このモデル図は，雷雲の鉛直構造，
雷雲に流入する上昇気流の流線分布など，今日判明している雷雲の気象学的特
徴を明らかにするものであった．

　シンプソン[26]は，この結果に基づき，雷雲上部の正電荷の発生機構として氷
晶の衝突説を提唱した．

## **5.3** 水滴を対象とする初期の電荷分離説

　シンプソン，ウィルソン等の研究に先立って，ドイツの大気電気学者エルス
ターとガイテル（J. Elster and H. Geitel）[27]は，**晴天静穏時の大気電界**（3.3
節，p18参照）による誘導で，雨滴が上負・下正の分極をおこすことが電荷生
成の原因であるという分極説を提唱した．彼らは，雨滴は雲中を落下する際に，
雲粒に衝突しこれを反発する過程を繰り返すと考え，図5-7に示すように，衝
突は雨滴の下半部でおこり，反発する雲粒は正電荷の一部をもち去り，雨滴は
負に帯電すると考えた．正に帯電した雲粒は上昇気流で運ばれ雲の上部の正電
荷領域を形成し，負に帯電した雨滴は雲の下部の負電荷領域を形成するという
説である．

　その後，この説を実験的に確かめる研究が試みられ，雨滴が雲粒と衝突する
と併合がおこって反発はおきないことが判明した．ウィルソン[23]は，エルス
ターとガイテルの分極説を訂正し，5.2節で述べたように，分極した雨滴の下半
部は，正イオンを反発し，負イオンを選択的に吸収するという説を提唱した．
この説は分極説の一種であるが，イオン選択捕捉説と呼ばれる．

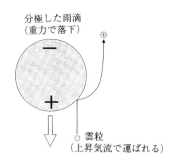

電離層内に
卓越する
正電荷

分極した雨滴
（重力で落下）

雲粒
（上昇気流で運ばれる）

− − − − − − − 地表面の負電荷

図5-7　エルスターとガイテルの分極説の説明図
　　　雲粒は落下する雨滴の下半分に衝突・反発して正電荷をもち去り，
　　　雨滴は負に帯電する．

シンプソン[19]が採用したレナード[20]の水滴分裂説については，すでに前節で
述べた．

　これまでに述べた諸説は，すべて水滴に関するものであったが，シンプソン
の気球観測によって，主要な雷雲の電荷は，気温が0℃〜-30℃という低温の大
気上層に分布することが判明し，電荷分離機構の研究は，この温度範囲で有効
に作用する機構を見出す方向に向かった．

## 5.4　氷相を含む雲粒，降水の電荷分離機構

　0〜-30℃という低温大気中では，水蒸気は最初過冷却水滴になり，ついで氷
結して氷晶，あられ，ひょうになる．したがって，電荷分離機構の研究は，氷
相を含む雲粒，降水の電荷分離の解明に向かい，さまざまな研究が活発に行わ
れ，多数の論文が発表された．しかし，今日判明している雷雲の気象的・電気

的活動を参照すると，実際の雷雲に適用できる電荷分離機構は，以下の5項目に適合するものでなければならない．

(1)　雷放電（雲放電，落雷）が中和する電荷の代表値は，20C〜30C（クーロン）で，雲放電が中和するダイポールモーメント（電荷×正負電荷中心間の距離）は数100C・kmである．

(2)　電荷分離が行われるのは，0℃〜-40℃温度層の範囲にある．

(3)　負電荷は，-20℃の温度層を中心に比較的濃密に分布し，正電荷はその上方，-30℃〜-50℃の温度層に拡散して分布する．さらに0℃温度層付近にポケット正電荷がある．

(4)　雷雲のあられ粒子は，速度6m/s以上の上昇気流中を落下するサイズに成長する．

(5)　強いレーダエコーを示す降水域の発生後，10〜20秒後に最初の雷放電が発生する．

これらの条件を満足する電荷分離機構の解明に向かって，どのような研究が進展したか，以下に代表的なものを述べる．

### 5.4.1　水の氷結による電位差発生説

水と氷の界面には電位差が存在し，氷結の進行速度が大きいと電位差も大きくなる．その値は溶けている物質の種類，濃度に依存する．1950年ワークマンとレイノルズ（E.J. Workman, and S.E. Reynolds）[28]は，自然の雨と同じ物質を溶かした水について，氷結電位差を測定し，水が正，氷が負となる電位差が発生することを確かめた．彼らは，過冷却水滴があられに衝突するとき，水滴の一部はあられに氷結し，残りは水のまま飛び散り，このときの水と氷の界面の電位差であられが負に，飛び散る小水滴が正に帯電すると考えた．あられは重力で落下，飛び散った小水滴は上昇気流で運ばれ，上正，下負の雷雲電荷が形成されるという説である．ワークマンとレイノルズの研究結果は，発表当時は雷雲の電荷発生を説明する有力な説と考えられたが，その後の室内実験で，過冷却水滴があられに衝突するとき飛び散るのは小水滴ではなく，すべて氷晶であることが判明し，この説の適用可能性は失われた．

### 5.4.2　氷の温度差による電荷分離説

均一な物質に温度差があると，電荷を担う主要な要素（電子，ホール，イオン）が，高温部から低温部に移動し，温度差のある方向に電荷の分離がおこる．金属や半導体などにはこの効果があることが知られていたが，氷にも同じ効果があり，氷中に温度差があると高温側と低温側とに電荷が分離される．

1957年レイノルズ，ブルックおよび，グーレイ（S.E. Reynolds, M. Brook, and M.F. Gourey）[29]は，霧氷が成長するときの帯電現象を計測する実験を行った．図5-8に示すように，両端に金属球がついた金属棒を水平面で回転する装置を低温槽内に設ける．この導体系は電位計に接続され電位が記録される．低温槽内の気温を-20℃とし，槽内に過冷却水滴を充満させて金属棒を回転すると過冷却水滴が金属球に衝突して凍りつき，金属球の表面に霧氷が成長する．この実験では金属球の電位はゼロのままで，霧氷の成長に伴う帯電はおこらない．

図5-8に示すように，-20℃の低温槽内に過冷却水滴と氷晶を共存させると霧氷の成長に伴って金属球が負に帯電し，金属球の負電位が記録された．さらに金属球に赤外線を照射して，その温度を-20℃より2℃〜3℃高くして霧氷を成長させると金属球の負電位が増加し，帯電率が上昇することが観測され

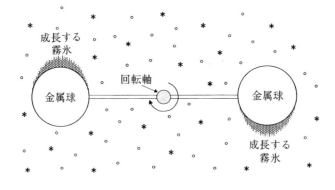

*：氷晶
○：過冷却水滴

**図5-8　レイノルズ等の霧氷の帯電実験の説明図**

た．レイノルズ等はこの結果を次のように解釈した．

　気温 -20℃ では過冷却水滴が金属球に氷結するとき，水滴の一部は氷晶となって飛び散る．このとき成長する霧氷と飛び散る氷晶との間には大きい温度差はないので電荷の分離はおきない．低温槽内に過冷却水滴とともに氷晶が存在すると，槽内の氷晶の温度は -20℃ に保持されるが，成長する霧氷は，過冷却水滴の氷結熱で温度が上昇する．氷晶がこの霧氷に衝突・分離するとき，両者の温度差で，氷晶は正に，霧氷は負に帯電する．金属球に赤外線を照射すると，成長する霧氷の温度は一層高くなって，温度差による電荷の分離作用が増大する．雷雲の 0℃〜-20℃ の温度層には，過冷却水滴と氷晶が共存するので，この温度層中を落下して成長する**あられ**は，図 5-8 の実験と同じ温度差効果によって負に帯電するというのがレイノルズ等の結論である．

　レイノルズ，ブルック等は，アメリカのニューメキシコ工科大学でこの研究を行った．当時の学長ワークマンは，自ら雷の研究を行うとともに多くの優れた雷研究者の育成にも貢献した．同時期，イギリスではラーサムとメーソン（J. Latham and B.J. Mason）[30][31]が，同様な実験を行い，また温度差電荷分離の物性論的研究を行って，氷の温度差説を主張した．

　メーソンは当時イギリス気象台長の職にあり，ラーサムはマンチェスター大学の教授で，同大学における活発な雷研究の指導者であった．

### 5.4.3　あられと氷晶の衝突による電荷分離説

　これまでの研究で，**あられと氷晶の衝突による電荷分離**が，5.4 節で述べた5項目を満足する可能性が高いことが判明したが，単純な温度差説では，(3)の0℃ 温度層に分布するポケット正電荷の生成を説明することができない．1978年，高橋 劭（T. Takahashi）[32]は，あられと氷晶の衝突による電荷分離について，詳細な実験的研究を行い，あられに分離される電荷の符号と大きさは，周囲大気の温度と雲水量とによって決まることを明らかにした．図 5-9 に示すように，周囲気温が -10℃ 以上のとき，あられは常に正に帯電し，温度が -10℃ 以下のときは，図の灰色にハッチした温度・雲水領域で負に帯電し，白色領域で正に帯電する．高橋は，電荷分離の物理的機構を調べ，この結果を次のように説明した．

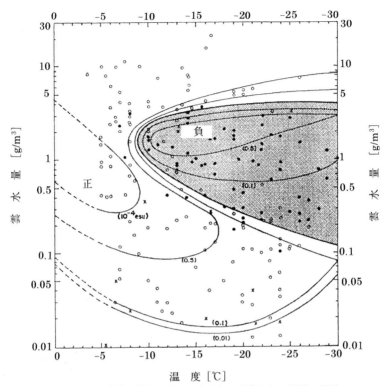

温 度〔℃〕

雲 水 量〔g/m³〕

図5-9 あられと氷晶の衝突によってあられに分離される電荷の符号
（白丸は正，黒丸は負）と大きさ（衝突氷晶1個あたりの電荷）
（高橋 劭[32]）

(1)　気温 -10℃ 以上のときおよび -10℃ 以下で雲水量が多いときは，あられの
表面は水の薄膜で覆われ，衝突する氷晶は，この水の一部をちぎりとって負
に帯電して離れ，あられは正に帯電する.

(2)　気温 -10℃ 以下で雲水量が灰色の範囲にあるときは，あられの表面は堅く
なめらかになり，衝突する氷晶が破壊され，生じた氷の微小片に負電荷が分
離され，これがあられに付着し，あられ負，氷晶正の電荷分離がおこる.

(3)　気温 -10℃ 以下で雲水量が少ないとき（灰色領域の下の白色領域）は，あ
られ表面に樹枝状に氷の枝が生じていて，氷晶の衝突でこれが破壊され，ち
ぎられる氷の小片が負に帯電して大気中に離散し，あられは正に帯電する.

　1984 年，高橋 劭 (T. Takahashi)[33]は，湿潤気塊の上昇による雷雲の発生，氷晶生成過程による降水の形成，あられと氷晶の衝突による電荷分離過程などを数量化して，雷雲セルのライフサイクルの数値モデルを作成して，これが実際の雷雲の気象的・電気的活動に対応することを示した．

　温度高度 -10℃ より上方の雲領域では，あられは負に帯電し上昇気流で支えられ，負電荷分布領域をつくる．氷晶は正に帯電し上昇気流で運ばれ，雲上部の広い領域に正電荷を分布させる．0℃〜-10℃ 温度高度層では，あられは正に帯電してポケット正電荷域を形成し，氷晶は負に帯電し上昇気流で運ばれ，-10℃〜-20℃ という温度層にとくに密度の高い負電荷領域を形成する．コスハークとクライダー[8]，クリビエル，ブルック等[9]が，**落雷による急変化電界の記**録から求めた負電荷分布は，この高密度負電荷域に対応する(5.1.2 項, p 52 参照)．

　あられと氷晶の衝突による電荷分離に関しては，ガスケルとイリングワース (W. Gaskell, and A.J. Illingworth)[34]，ジャヤランテ，サンダースおよびハレット (E.R. Jayarante, C.P.R. Saunders, and J. Hallet)[35]も同様の実験を行って，若干異なる結果を得ているが，夏季・冬季を通じて実際の雷雲に最もよく適合するのは，高橋の結果である．

## 5.5　対流がイオンを搬送するという対流説

　今までに述べた電荷分離説は，すべて降水に働く重力と，雲粒・イオンに働く上昇気流の風力をエネルギー源とするものであった．これらの諸説をまとめて降水説という．これに対しボンネガット (B. Vonnegut)[36]は，雷雲内部の上昇流，および雷雲周辺の下降気流が，同一符号のイオンを搬送し，雷雲の電荷分布を形成するという対流説を提唱した．

　**晴天静穏時の大気電界**(3.3 節，p 18 参照)によって地表は負に帯電し，地表付近には，わずかであるが正イオンが卓越する．雷雲が発生するとき，上昇気流によってこの正イオンが運ばれ，雲内には正電荷が卓越する．この正電荷が電離層から負イオンを吸引し，この負イオンが雷雲周囲の下降気流で雲底付近に運ばれ，雷雲下部を負に帯電する．これらのイオン流は雷雲の発達とともに

強まり，ついに雷雲の電荷分布を形成するという説明である．この説は独特の
論理を備えているが，5.4 節で述べた電荷分離説が満足すべき 5 項目に適合す
る可能性はほとんどない．

　しかし，ボンネガットとその協同研究者は，彼らの説を補強するために，雷
雲内外の色々な電気現象を計測・解析する多数の研究結果を発表した．彼らの
成果は，直接あるいは間接に雷雲電荷の研究に，大きく寄与した．このような
経緯があるので，この対流説は，電荷分離機構の解説でしばしば言及される．

# 第**6**章

# 雷放電（落雷と雲放電）

## 6.1 雲放電と落雷

2.3節で，雷雲中に分離された正負電荷が，空気の絶縁を破壊して，火花放電をおこすのが**雲放電**（**cloud flash**）であり，雷雲中に分離された正負電荷のうち地表と向かい合う電荷が，地表に反対符号の電荷を誘導し，雲と大地間でおきる火花放電が**落雷**あるいは**対地放電**（**ground flash, cloud-to-ground flash**）であることを述べた．

雲放電は雲に遮られ，放電路が直視できない場合が多いが，ときに雲から晴れた空間に伸びる放電路を目視できることがあり，また雲底に沿って長く走る放電路が明瞭に見えることもある．これらを含め，地表に達しない雷放電はすべて雲放電に分類される．**雲放電**も**落雷**もスケールは同程度で，放電路の代表的な長さは約5kmであるが，実際の長さは，1km〜20kmという広い範囲にわたり，放電路の形状はまちまちである．

雲放電と落雷の発生頻度を比較すると，夏季は雲放電の方が頻繁におこり，雲放電3回に対し落雷1回くらいの割合となる．これに対し，冬季は，落雷の発生率が高くなり，両者の発生率が同程度の場合が多く，落雷の発生率の方が高くなる場合もある．

落雷は，電力系統，鉄道・通信施設などに多大の災害を及ぼすので，災害防止を目的とする落雷の研究が，活発に行われてきた．

落雷による死傷事故防止も大きい課題であるが，データ取得が困難なため，この課題は，最近まで研究の盲点になっていた．著者が組織した医学者を含む「人体への落雷の研究グループ」によって，ようやく科学的研究の道が開かれ，

今日では有効な安全対策が明らかになっている（第8章，p 104 参照）．

　最近になって，落雷と関連して雷雲のはるか上方の中間圏，熱圏（電離層）で発光放電が発生することが見出され，その研究が進展している．このタイプの放電は，その発光色，発生高度，機構などによって分類され，**ブルージェット（blue jets）**，**レッドスプライト（red sprites）**，**エルブス（elves）** と名付けられた．これらはエネルギーのとくに大きい落雷に伴って発生することが判明している．このタイプの放電の研究に参加している福西　浩[37]は，最近の成果をまとめて記述している．

## 6.2　電光と雷鳴

　雷放電から出る光は<u>**電光（lightning）**</u>，音は<u>**雷鳴（thunder）**</u>であることは2.1節で述べた．光は$3 \times 10^8$m/s という光速（light velocity）で伝搬するので，瞬時に観測者の目に達するが，音は平均 340m/s の速度で伝搬するので，数秒ないし数10秒遅れて観測者の耳にとどく．たとえば，長さ5kmの雲放電が，観測者から2km〜7kmの距離範囲に分布するとき，雷鳴は，電光が見えてから，約6秒後から聞こえはじめ21秒後まで継続し，ゴロゴロという長引いた響きとなる．

　複数地点にマイクロフォンを設置して雷鳴の同時記録を行い，これを解析して大気中の音源の三次元分布を求めることができる．すなわち音響測定によって雷放電路が大気中にどのように広がっているかを知ることができる．例を挙げると，アメリカではヒュー（A.A. Few）[38]が，国内では若松勝寿と堀井憲爾[39]が，この方法で電放電路の三次元標定を行っている．マイクロフォン相互の間隔は数10mで標定ができるが，精度の点では，電磁波受信による放電路の三次元標定には及ばない（6.13節，p 88 参照）．

## 6.3　落雷の四つのタイプ

　落雷は，図5-1 (p 50) にみるように雷雲中の広い範囲に分布する電荷が，地表に誘導された電荷と中和する放電で，その機構は単純ではない．一つの落雷

は，いくつか異なった放電過程を含み，同一のあるいは異なる放電路をとって，複数の放電過程が相ついでおきる．落雷の放電過程については，次の6.4節で解説する．

　落雷の放電過程で，最初に空気の絶縁を破壊して進展する放電を**リーダ** (leader) と呼び，リーダについで同じ放電路を反対方向に進展する放電を**リターンストローク** (return stroke) と呼ぶ (6.5節，p75参照)．学術用語としては，**leader** に対し，**リーダ**または**前駆**が，**return stroke** に対し**リターンストローク**または**帰還雷撃**が用いられる．本書では，**リーダ**，**リターンストローク**を使用する．

　落雷は，図6-1に示すように，リーダが雲から地表に向かって「下降」するか，地表から雲に向かって「上昇」するかによって二つに分けられる．リーダ下降型落雷の電光は，図6-2に見るように，下向きに分岐を生じ，リーダ上昇型落雷の電光は，図6-3に見るように上向きに分岐を生ずることが多い．さらに，このリーダが「負に帯電」しているか，「正に帯電」しているかによって，落雷は次の四つのタイプに分類される．

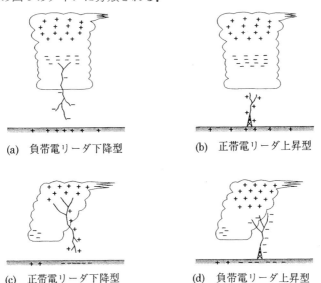

(a)　負帯電リーダ下降型　　　　(b)　正帯電リーダ上昇型

(c)　正帯電リーダ下降型　　　　(d)　負帯電リーダ上昇型

**図6-1**　落雷の四つのタイプ

図 6-2　下向きに分岐する電光

図 6-3　上向きに分岐する電光

### 6.3.1 負帯電リーダ下降型 ── タイプ(a)

図 6-1(a)にみるように，リーダは雷雲の負電荷領域から出発し，地表に向かって進む．リーダの進展に伴って，雲の負電荷がリーダ上に移動し，リーダが切り開いた放電路に沿って分布する．リーダが地表に達するとリターンストロークがおきて，リーダに分布した負電荷が地表の正電荷で中和される．この過程は 1〜数回繰り返され，雷雲の全負電荷が地表に誘導された正電荷によって中和されると，一つの落雷が終わる．この落雷は「雲の負電荷を大地に下ろした」という表現が使われる．

この型の落雷は，夏の落雷の 90 % 以上を占め，落雷の代表的なタイプである．次節で述べるように，このタイプの落雷は，20 世紀初頭から回転カメラなどによる観測が行われ，今日，最も詳しく放電機構が解明されている．

### 6.3.2 正帯電リーダ上昇型 ── タイプ(b)

図 6-1(b)にみるように，リーダは地表から出発し，雷雲の負電荷領域に向かって進む．リーダの進展に伴って，地表の正電荷がリーダ上に移動し，リーダが切り開いた放電路に沿って分布する．リーダが雲の負電荷中心に達すると，リターンストロークに類似する放電がおきてリーダに分布した正電荷が中和される．これで落雷が終了する場合とさらに放電を繰り返す場合がある．後者では二回目からは雲から負帯電リーダが下降し，**リーダ，リターンストロークの過程**を数回繰り返し雷雲の全負電荷を中和して落雷が終わる．夏の雷雲下に，高層建築，高い鉄塔，急峻な山岳などがあると，その先端からリーダが上昇し，このタイプの落雷がおきる．ニューヨーク市エンパイアステートビル，標高 900 m のスイス・サンサルバトール山頂の雷観測施設（現在は撤去されている）などでこのタイプの落雷の観測が行われ多量のデータが収集された．高さ 333 m の東京タワーには，年平均 9 回の落雷がおこり，このタイプの落雷が多い．

このタイプの落雷は，雷雲の負電荷を地表に誘導された正電荷によって中和する（雲の負電荷を大地に下ろす）点では，図 6-1(a)負帯電リーダ下降型と共通する．このタイプの落雷は，夏の雷雲下では，高い建造物，急峻な山岳が存在するという条件のときに限って発生するが，冬の雷雲下では，この条件がな

くても頻繁に発生し，高い建造物があると，そこからのリーダ発生率が著しく
高くなる．この特徴は 6.3.4 項の負帯電リーダ上昇型の落雷にもあてはまる．
福井県三国の火力発電所の構内にある高さ 200 m の煙突には，7 年間に 175 回
の落雷がおこり，そのうち 174 回が冬季に発生し，リーダ上昇型の落雷となった．

### 6.3.3 正帯電リーダ下降型 —— タイプ(c)

　図 6-1(c) にみるように雷雲の正電荷領域から正帯電リーダが下降し，これが
地表に達すると，リターンストロークがおきてリーダに分布した正電荷が地表
の負電荷で中和される．この過程は 1〜数回繰り返されて雷雲の全正電荷が，
地表に誘導された負電荷によって中和されて落雷が終わる（雷雲の正電荷が大
地に下ろされる）．夏季はこのタイプの落雷の発生率は低く，雷雲上部のかなと
こ雲から，このタイプのリーダが発生し，地表に達して雷雲の正電荷を下ろし
たという観測例がある程度にすぎない．これに対し，冬季の雷雲では，このタ
イプの落雷の発生率が非常に高くなる．冬季の雷雲では，上昇気流が比較的弱
いために，負電荷を担うあられが短時間で落下し尽くし，氷晶に担われる正電
荷領域が地表と向き合う期間が長くなる結果である．

### 6.3.4 負帯電リーダ上昇型 —— タイプ(d)

　図 6-1(d) にみるように，地表から負帯電リーダが発進し，雷雲の正電荷領域
に向かって進行する．リーダが雲の正電荷中心に達すると，リターンストロー
クに類似する放電がおきてリーダに分布した負電荷が雷雲の正電荷で中和され
る．
　これで落雷が終了する場合とさらに放電を繰り返す場合がある．後者では二
回目からは雲から正帯電リーダが下降し，リーダ，リターンの過程を数回繰り
返して雷雲の全正電荷が中和されて落雷が終わる（雷雲の正電荷が大地に下ろ
される）．このタイプの落雷は，もっぱら冬季に発生し，高い建造物，急峻な山
岳が存在しない場合にも発生する．夏季には観測例がない．
　このタイプの落雷は，雷雲の正電荷を地表に誘導された負電荷によって中和
する（雷雲の正電荷を大地に下ろす）点では，図 6-1(c) 正帯電リーダ下降型と
共通する．冬季の落雷の特徴は，このタイプ(d) とタイプ(c) の落雷の発生率

が高いことである．雷雲の正電荷を下ろす落雷，すなわちタイプ(c) およびタイプ(d) の落雷は**正極性落雷**，雷雲の負電荷を下ろす落雷すなわちタイプ(a) およびタイプ(b)の落雷は**負極性落雷**と呼ばれる．夏の落雷の 90％ 以上が負極性落雷であるのに対し，冬の落雷では正極性落雷の発生率が高くなり，雷雨によっては 50％ を超えることもある．日本海沿岸における長期の観測結果から，冬季正極性落雷の発生率は，平均値が 33％ 程度であることが知られている（7.4.2項，p 101 参照）．

## 6.4　落雷放電過程の記録方法

　落雷は雲底下に現れる放電路を直接光学的に記録することができるので，20 世紀初頭から，回転カメラなどの記録によって放電機構を調べる研究が行われた．その後，進歩した光学的記録装置を使用する研究，電磁気学的記録装置による研究，さらに両者を併用する研究などが行われ，逐次放電機構の解明が進展した．雲放電は，光による直接観測ができないので，放電機構の解明が遅れていたが，近年，電磁気学的記録技術が進歩し，6-13 節で述べるように電磁波の多局受信で，放電路の三次元標定が可能になり，雲放電研究にも新しい道が開かれるようになった．

### 6.4.1　落雷放電過程の光学的記録

　1903 年，ハンブルグ大学のワルター(B. Walter)[40]は，カメラを電光に向け，鉛直軸のまわりにカメラをゆっくり回転しながら電光を撮影し，落雷の時間経過を調べた．その結果，一つの落雷で，放電路は数回発光すること，ときには放電路が残光を伴うことを見出した．このカメラを**遅回し回転カメラ**と呼ぶ．図 6-4 は，この方式のカメラで撮影した電光の一例で，放電路が 4 回発光している．

　ついで 1934〜1938 年には，ウィルソンの流れを汲むイギリスの科学者ションランド (B.F.J. Schonland)[41]は，レンズに対してフィルムを相対運動させて電光の運動を分解する**高速回転カメラ**を考案し，南アフリカで協同研究者とともに多数のデータを収集し，落雷の放電機構を調べた．その成果は 6.5, 6.6, 6.8,

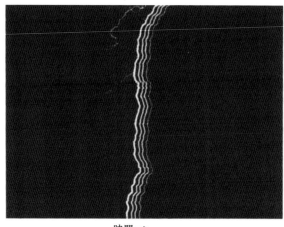

時間→

図6-4　遅回し回転カメラで撮影した落雷の電光
同じ放電路が4回発光している.

6.9節などに記述されている.

　その後，電光の運動を分解する高速回転カメラは，ワークマン[43][47]によって
性能が改善され，落雷放電機構解明の観測に活用された．またエレクトロニク
スの進歩に伴い，1990年代には電力中央研究所で，35mm一眼レフカメラに，
1600本の光ファイバを組み込み，光ファイバには光電素子を結合し，そのデー
タをコンピュータで処理する雷放電進展様相自動観測装置（automatic light-
ning discharge progressing feature observation system 略称 ALPS）と呼ば
れる装置が開発された[42]．この装置は，高速回転カメラより一層高い分解能で，
電光の時間分解撮影を行うことができるので，落雷放電機構の解明に大きく寄
与している.

### 6.4.2　落雷放電過程の電磁気学的記録

　雷雲近傍で地表電界を連続記録すれば，落雷の各放電過程における電荷の移
動に対応する変化が記録されるはずである．しかし，3.3.1項で述べた**回転集電
器（フィールドミル）**は，時間分解能が十分高くないので，各放電過程に対応
する微細な変化を読み取ることはできない.

　放電過程を調べるには，これに対応する高い時間分解能で地表電界を記録しなければならない．それには，アンテナに誘導される地表電界の電圧を，オシロスコープに接続して，電圧波形を記録する方法が用いられる．中波，長波受信機のアンテナは，導線を空中高く水平に張る逆 L 字型アンテナを使用する．地表電界記録用のアンテナは，導体を絶縁物で地上一定の高さに支持すれば十分で，導体には金属球あるいは金属円盤を用いる．接続は，図 6-5 に示すように高抵抗 $R$（抵抗値 $R$ [Ω]）を通じて導体を接地し，高抵抗の導体側を増幅器を通じてオシロスコープに接続する．この地上一定の高さに設けられ抵抗 $R$ を通じて接地された導体を**アンテナ系**と呼ぶこととする．図 6-5 は，このアンテナ系の等価回路を示す．導体と地表との間には，静電容量 $C$ [F（ファラド）] があるので，これをコンデンサーの記号 $C$ であらわしている．静電容量 $C$ と高抵抗 $R$ の積 $RC$ をこのアンテナ系の**時定数**という．中波，長波受信機では，アンテナ系の時定数はとくに問題にならないが，地表電界の記録には**時定数**が大きく結果に影響する．

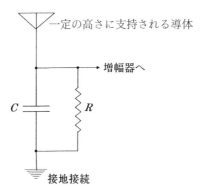

**図 6-5** 地表電界測定用のアンテナ系の等価回路

　$C$ を F で，$R$ を Ω であらわすと，$C \times R = CR$ の単位は s（秒）になる．地表電界が，図 6-6(a) に示すようにステップ状に増加すると，**時定数 $CR$** [s] の**アンテナ系**に誘導される電圧は，図 6-6(b) に示すように増加後の値が指数曲線

を描いて減衰する．誘導電圧が指数（$e=2.718\cdots$）分の1，すなわち約3分の1に減衰するまでの時間が $CR\,[\mathrm{s}]$ となる．**回転集電器（フィールドミル）**の記録では，この減衰はおこらないが，**アンテナ系**を用いる記録ではこの減衰はさけられない．落雷の放電過程を調べるには，時定数を10 s程度に設定すれば，各放電過程による地表電界は，ほぼ原型に近い波形をオシロスコープに表示できる．

　地表電界測定用のアンテナ系，たとえば地上2 mに設けられた直径30 cm程度の水平金属円盤の対地静電容量は約 $10^{-11}\,\mathrm{F}$（ファラド）であるから，$10^{12}\,\Omega$ の高抵抗で接地すると時定数が10 sとなる．$10^{12}\,\Omega$ という既成の高抵抗は存在しないが，フィードバック回路（feedback circuit）を用い，実効的に時定数10 sのアンテナ系を実現することができる．このアンテナ系は，**スローアンテナ**（slow antenna）と呼ばれ，雷放電過程の記録に使用される．

　また次節で述べる**リターンストローク**のように，非常に速い放電過程の測定には，時定数 1 ms〜5 msのアンテナ系が使用される．このアンテナ系は**ファストアンテナ**（fast antenna）と呼ばれ，スローアンテナと併用して雷放電過程の記録に使用される．

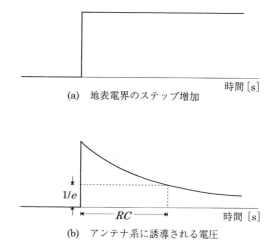

(a)　地表電界のステップ増加

(b)　アンテナ系に誘導される電圧

図6-6　地表電界のステップ増加に対するアンテナ系の応答

1962 年，北川信一郎，ブルックおよびワークマン（N. Kitagawa, M. Brook, and E.J. Workman）[43]は，スローアンテナ，ファストアンテナの同時記録と時間分解能の高い光学的記録装置の併用によって，6.7 節で述べるように落雷放電機構の解明に大きく寄与するデータを収集した．

## **6.5** 単一落雷と多重落雷，リーダ（**leader**）とリターンストローク （**return stroke**）

6.3 節で述べたように，負帯電リーダ下降型の落雷は，夏の落雷の 90％ 以上を占め，代表的な落雷と考えられるので，このタイプの落雷を例にとって，以下に放電機構を説明する．

　落雷は<u>雷撃（**stroke**）</u>と呼ばれる放電の単位からなっている．<u>一つの雷撃で終わる落雷は**単一落雷**，複数の雷撃を繰り返す落雷は**多重落雷**と呼ばれる．</u>図 6-7 は，一つの落雷に含まれる雷撃数の頻度分布を示す．これはションランド[41]が，南アフリカで観測した 1800 落雷についての統計である．この統計によると単一落雷が高い頻度で発生するが，雷撃を 4 ～ 6 回繰り返す落雷の発生率が比較的高く，十数回繰り返す落雷もかなりの頻度で発生する．雷撃と雷撃の

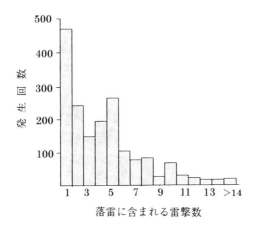

**図 6-7** 一つの落雷に含まれる雷撃数の頻度分布 （ションランド[41]）

時間間隔を**雷撃間隔**（stroke interval）と呼ぶ．図 6-8 はションランド[41]による同様の統計で，**雷撃間隔**は，代表値 40 ms をはさんで 10 ms〜240 ms という広い範囲に分布している．

　個々の雷撃は，**リーダ**（leader）の下降と**リターンストローク**（return stroke）の上昇という組み合わせからなる．リーダは，最初に空気の絶縁を破壊する放電で，酸素分子，窒素分子をそれぞれイオンと電子に分離しながら進展する．**リーダは，雲から地表に向かい比較的遅い速度で進展し，発光も比較的弱い**．リーダが地表に達すると，地表から強い発光を伴う放電が，極めて高い速度（光速の 3 分の 1 程度）で同じ経路を上昇する．これが**リターンストローク**である．リターンストロークの放電路の発光は短時間で消失する場合と，いったん弱まるが残光が継続する場合がある．

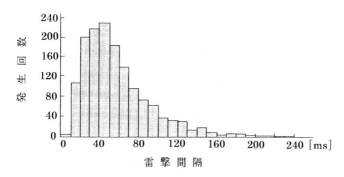

図 6-8　雷撃間隔の頻度分布
（ションランド［41］）

## 6.6　多重落雷の放電機構，ステップトリーダ（stepped leader）とダートリーダ（dart leader）

　図 6-9 は，ションランド[41]が，代表的な例として掲げた三重落雷の静止写真（a）と時間分解写真（b）のスケッチを示す．図（b）は，鉛直方向に走る放電路に対して，フィルムをレンズの焦点面で水平方向に一定速度で掃引して撮影するもので，画像には，電光の上昇，下降運動が，時間経過の横軸に対し垂直から傾いた線となって表示される．ションランド等はフィルムを焦点面で回転運

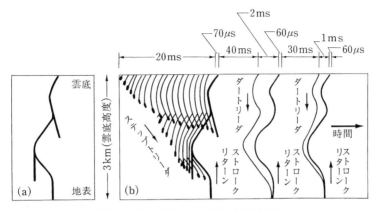

**図 6-9** 三重落雷の静止写真(a)と時間分解写真(b)のスケッチ
（ションランド[41]）

動させたが，この図はフィルムを水平に掃引する画像に描き変えている．図(a)
には，下向きの分岐が 2 本みられる．図(b)を見ると 40 ms と 30 ms の二つの休
止時間をおいて 3 回雷撃がおきていて，分岐は第 1 雷撃だけに現れ，後続雷撃
には現れないことがわかる．図 6-9 は雲底高度が 3 km のときのもので，時間分
解写真(b) の上部に，雲底下に現れる各過程の継続時間が記入されている．図
(a)，(b)は，黒白反転して描かれ，黒線の太さは，放電路の太さではなく，そ
の明るさをあらわす．

　第 1 雷撃のリーダは図(b) に見られるように，<u>階段型に進展するので**階段型**</u>
**前駆**あるいは**ステップリーダ（stepped leader）**と呼ばれる．下降する放電路
はいったん停止し，50 $\mu$s（代表値）程度の休止時間をおいて次の放電路が再び
雲底から下降し，前の放電路より約 20 m〜50 m 長く伸びて停止する．リーダは
停止・下降の過程を繰り返し，$2 \times 10^5$ m/s の平均速度で地表に向かって進展す
る．個々の放電路は一様に弱く発光するが，尖端 10 m は比較的明るく発光す
る．**ステップリーダ**が地表に達すると，**リターンストローク**が発進する．

　リターンストロークが消失してから約 40 ms（代表値）という比較的長い休止
時間をおいて，雲底から再びリーダが，第 1 雷撃と同じ経路をとって下降する．
このリーダは，ステップを踏まず連続的に下降し，ステップリーダの平均進
展速度より 1 桁高い $5.5 \times 10^6$ m/s（代表値）の速度で下降する．これが地表に

達すると，リターンストロークが発進する．これが第2雷撃である．図6-9では，30 ms の休止時間をおいて第3雷撃がおきて落雷は終わっている．第3雷撃のリーダの特性は，第2雷撃のものと変わらない．<u>後続雷撃のリーダは，**ダートリーダ(dart leader)** あるいは**矢型前駆**と呼ばれる</u>．

第1雷撃の放電路はリターンストロークによって強く電離され高い導電性をもつが，雷撃間隔の間に電子・イオンの濃度は低下し，放電路をリーダによって再電離しないとリターンストロークは発生しない．しかし放電路は低いながら導電性を維持しているので，これを再電離するリーダは，**ステップトリーダ**より1桁高い速度で連続的に進展する．これが**ダートリーダ**である．

図6-9にみられるリターンストロークの発光は，どれも残光を伴わず急速に消失し，継続時間は $60\,\mu$s～$70\,\mu$s となっている．

リターンストローク継続期間に，地表には雷撃電流が流入する．雷撃電流はロゴスキーコイル，シャント抵抗などのセンサーを用いて測定することができる．電流値は放電路の明るさに対応し，数 $\mu$s 程度の短時間でピーク値 $10\,$kA～$30\,$kA（代表値）に達し，ついで時間とともに減衰する，放電路に残光が継続するときは，これに対応して $100\,$A～$1000\,$A の電流が継続する．**雷撃電流**の詳細については6.11節で述べる．

落雷の放電経路を決定するのは，ステップトリーダで，20 m～50 m 進展する各ステップ放電は，そのつど若干異なった方向に進展するので，落雷の電光は特有のジグザグ経路となる．

## 6.7　多重落雷の光学的・電磁気学的同時記録の結果

**多重落雷**を高速回転カメラとスロー・ファスト両アンテナで記録した代表的な結果を図6-10に示す．図(a)は発光時間が短いリターンストロークを9回繰り返した落雷で，各雷撃は雲の負電荷を大地に下ろすので，スローアンテナで記録した地表電界は，そのつど正方向にジャンプしている．雷撃間隔では，スローアンテナ記録の変化は，非常にわずかでほとんど認められない程度であるが，ファストアンテナ記録には，多数の小さいパルス変化が，10 ms 程度の間隔で繰り返されている．これは，1957年に北川信一郎（N. Kitagawa）[44]が発見

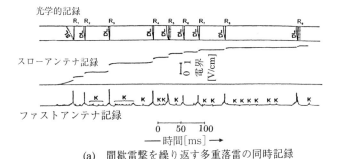

(a) 間歇雷撃を繰り返す多重落雷の同時記録

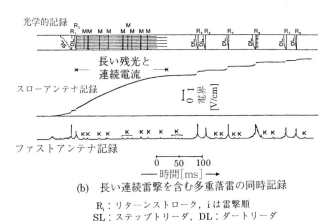

(b) 長い連続雷撃を含む多重落雷の同時記録

$R_i$：リターンストローク，i は雷撃順
SL：ステップトリーダ，DL：ダートリーダ
K：K-過程，M：M-コンポーネント

**図6-10**　多重落雷の光学的・電磁気学的同時記録
（北川信一郎等[43]）

し，**K-変化（K-change）**と名付けたもので，詳細は 6.12 節（p 87）で述べる．

図(b)の記録では，第 2 雷撃の残光が約 180 ms 継続し，これに対応してスローアンテナ記録が，正方向に緩やかに変化し雷撃電流が継続していることを示す．この残光に対応する電流を連続電流と呼ぶ（6.9 節，p 83 参照）．第 2 雷撃では，継続時間が長いためスローアンテナ記録の変化幅が非常に大きく，連続電流によって大量の負電荷が大地に下ろされたことがわかる．第 6 雷撃でも若干残光が続き，対応するスローアンテナ記録の緩やかな増加がみられる．

図(b)の記録では，雷撃間隔および残光継続期間に図(a)の記録とまったく同様に，10 ms 程度の間隔で K-変化と名付けられたパルス変化が繰り返されている．

## 6.8 初期放電（preliminary discharge）とJ-過程（J-process）

1957年，クラレンスとマラン（N.D. Clarence and D.J. Malan）[45]は，落雷のステップトリーダが発進する前に，雲中ではすでに空気の絶縁を破壊する放電がおこっていることを明らかにし，この放電を**初期放電**（preliminary discharge）と名付けた．ステップトリーダが進展するには，雲粒や降水に担われた負電荷が移動して，ステップトリーダの放電路に分布しなければならない．それには，雲の負電荷領域に，電荷の移動を可能にする導電路（放電路）の網目が，形成されなければならない．雲中で最初にこの導電路を形成する放電が，初期放電である．クラレンスとマランは，初期放電は**ポケット正電荷**領域と負電荷領域の間の強い電界で発生すると考えた．初期放電の放電路の網目がある程度，負電荷領域に広がると，移動可能になった負電荷は，地表に誘導された正電荷に向かって移動しようとし，空気の絶縁を破壊するリーダとなって進展を始める．これがステップトリーダで，6.6節で述べたように，リーダは地表に向かってステップ状に進展する．ステップトリーダが伸びるに従って，初期放電で形成された導電路の網目は，雲の負電荷領域に一層広く浸透してリーダに負電荷を供給する．このようにしてステップトリーダの放電路には，雲の負電荷領域から移動した負電荷が一様な線密度で分布し，リーダ前方に強い電界を形成する．リーダが空気の絶縁を破壊して進展するのは，このように負電荷の移動が行われるからである．

図6-11は，多重落雷のリーダ，リターンストロークによる電荷の移動を示すモデル図である．以下この図によって，**第1雷撃**で電荷が移動する状況を図解する．①は初期放電発生直前の電荷分布を示す．初期放電がおきると破線で囲んだ領域内に導電路網（放電路網）が形成されて，②に見るようにステップトリーダが地表に向かって下降を始める．③はステップトリーダが地表に接近したときの状況で，雲中の負電荷の一部は移動してステップトリーダに沿って線状に分布する．リーダの下降に対応して，リーダ直下の地表の正電荷密度が高くなる．リーダが地表に達すると，この正電荷がリーダ放電路に分布した負電荷を下方から中和する放電が発進する．これがリターンストロークで，上昇速

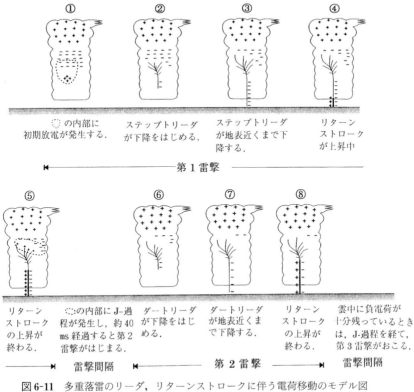

① の内部に初期放電が発生する.

② ステップトリーダが下降をはじめる.

③ ステップトリーダが地表近くまで下降する.

④ リターンストロークが上昇中

━━━━━━━━ 第1雷撃 ━━━━━━━━

⑤ リターンストロークの上昇が終わる.

⑥ の内部に J–過程が発生し, 約40 ms 経過すると第2雷撃がはじまる.

⑦ ダートリーダが下降をはじめる.

⑧ ダートリーダが地表近くまで下降する.

リターンストロークの上昇が終わる.

雲中に負電荷が十分残っているときは, J–過程を経て, 第3雷撃がおこる.

━→ 雷撃間隔 ←━━━ 第2雷撃 ━━━→ 雷撃間隔

**図6-11** 多重落雷のリーダ, リターンストロークに伴う電荷移動のモデル図 (夏の雷雲モデルについての図解, 放電路をあらわす線の太さは明るさをあらわし, 放電路の太さを示すものではない)

度は極めて高く, 強い発光を伴う. リターンストロークは光速の3分の1程度の高速で上昇するが, ④はこれを分解し, リターンストロークが雲底まで上昇したときの状況を示す. 太い実線がリターンストロークをあらわし, リーダに分布した負電荷が地表からの正電荷で中和されるので, 放電路には＋と−の二つの記号が並んで記入されている. ⑤はリーダに分布した負電荷が, すべて地表からの正電荷で中和され, リターンストロークの上昇が終了した状況を示す. これで第1雷撃が終了し, 第1雷撃によって雲の負電荷がすべて中和されるときは, 落雷は**単一落雷**(雷撃を一つ含む落雷, 6.5節, p75参照)となって終了する.

　第1雷撃終了後，雲中に十分多量の負電荷が残存するときは，**第2雷撃**がおきる．第2雷撃では，6.6節で述べたようにリーダはステップを踏まず，連続的に進展する．ダートリーダは，第1雷撃のリターンストロークによって電離された放電路を進展するが，放電路の電子，イオンの濃度はすでに著しく低下しているので，放電路を再び電離（空気分子を破壊し電子とイオンに分離する）しないとリーダは進展できない．放電路の再電離には強い電界が必要で，ダートリーダにはこの電界を形成する負電荷の分布が必要となる．

　1951年，マランとションランド（D.J. Malan and B.F.J. Schonland）[46]は，多重落雷において，残存した雲の負電荷領域の負電荷が，ダートリーダに移動する過程を明らかにし，この過程を**J-過程（junction process）**と名付けた．これは，雷撃と雷撃を結合する過程という意味の名称である．

　以下図6-11によって，第1雷撃終了後，**J-過程**および**第2雷撃**で電荷が移動する状況を図解する．⑤は第1雷撃終了直後の状況を示す．この図では，第1雷撃の分岐した放電路の上端近くに，第2雷撃をおこすに十分な負電荷が分布している．**J-過程**はこの電荷を含む破線で囲まれた領域に，導電路網（放電路網）を形成する放電過程である．第1雷撃の放電路はリターンストロークの通過によって電荷分布はゼロとなっているが，分岐した放電路の上端部分は導電性を維持しているので，この先端に正電荷が誘導され，正帯電したストリーマ（streamer）が，残存する雲中の負電荷域に進展する．このストリーマが負電荷領域に導電路網（放電路網）を形成するのがJ-過程であり，このストリーマは**J-ストリーマ（J-streamer）**と呼ばれる．J-ストリーマの網目が，破線で囲まれた領域に広がると⑥にみるように，移動可能になった負電荷は，地表に向かって移動しようとし，第1雷撃放電路を再電離するダートリーダとなって進展を始める．⑦はダートリーダが地表に接近したときの状況で，雲中の負電荷の一部は移動してダートリーダに沿って線状に分布する．ダートリーダが地表に達すると，リターンストロークが発進し，リーダに分布する負電荷は，地表の正電荷によって下方から急速に中和される．⑧はリーダの全負電荷が中和されリターンストロークの上昇が終わったときの状況を示し，⑤の第1雷撃の終了と同様の状況となる．この図は雲中に少量の負電荷が残存することを示している．この残存負電荷が十分多量のときは，再びJ-過程が繰り返されて**第3雷**

撃がおきる．

　雷撃と雷撃の時間間隔すなわち**雷撃間隔**は，図6-8に見るように代表値が40 ms で，リーダの継続時間にくらべて非常に長い．マランとションランド[46]は，J-ストリーマは，この**雷撃間隔**の全期間，連続的に進行する速度の遅い緩やかな放電過程であると考えた．実際には，6-12節（p 87）で述べるように，この過程には急峻な放電過程，K-過程が重畳していることが判明した．

## **6.9** 間歇雷撃(discrete stroke)，連続電流(continuing current) および M-コンポーネント(M-component)

　図6-9および図6-10(a)にみられるリターンストロークの発光時間および対応する雷撃電流はいずれも数ms以下の短時間である．このような雷撃は**間歇雷撃(discrete stroke)**，電流は**間歇電流(discrete current)**と呼ばれる．これに対し，図6-10(b)の第2雷撃では放電路に残光が180ms継続し，この期間雷撃電流が継続して流れる．これは継続時間がとくに長い事例であるが，一般に，光学的記録で発光が数ms以上継続し，雷撃電流が同時間継続する例がしばしば観測され，このタイプの雷撃，電流はそれぞれ**連続雷撃(continuing stroke)**，**連続電流(continuing current)**と呼ばれる．間歇雷撃と連続雷撃の間に明確な物理学的境界はないが，通常数ms以上継続するものを，**連続雷撃**と呼ぶ．

　1962年，ブルック，北川信一郎，およびワークマン(M. Brook, N. Kitagawa, and E.J. Workman)[47]，北川等[43]は光学的・電磁気学的同時記録によって連続電流の諸特性を明確にした．雷撃電流のピーク値は10kAの桁であるが，連続電流値は極めて低く100A～1000A程度である．彼らは，図6-10(b)の第2雷撃のように，雷撃間隔40ms（代表値）より長く継続する連続電流を，**長い連続電流（long continuing current）**と名付けた．長い連続電流は，非常に多量の雲の電荷を大地に下ろすという特徴をもっている．

　1947年，マランとションランド（D.J. Malan and B.F.J. Schonland)[48]は，連続雷撃の残光が継続する期間，放電路の発光が1ms～2ms強まる現象が繰り返されることを見出し，これを**M-コンポーネント（M-component）**と名付

けた．図 6-12 に，彼らの記録例を示す．この落雷では第 2，第 3 雷撃が連続雷
撃となり，それぞれに $M_1$，$M_2$ と記号をつけた **M-コンポーネント** が発生してい
る．対応するスローアンテナ記録にはフック状の小変化がみられる．このカメ
ラ像は，黒白を反転して描かれ，黒色部は強く発光する部分を，水平にハッチ
した個所は比較的弱く発光する期間を示す．

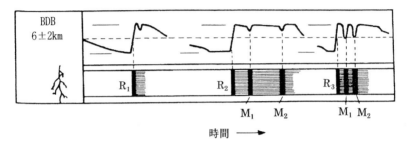

図 **6-12**　M-コンポーネントとその電磁気学的記録
（マランとションランド[48]）

## 6.10　リターンストローク（return stroke）

リーダはステップトリーダおよびダートリーダともに，図 6-11 に見るよう
に，放電路上に負電荷を分布させながら進展するので，地表に達するとこの負
電荷の先端と地表の正電荷との間に，強い発光を伴う急激な放電がおきる．こ
の激しい放電域は，リーダが構成した放電路を極めて高い速度（光速の約 3 分
の 1）で上昇する．この過程が **リターンストローク** である．地表から放電路へ
の正電荷の移動が **雷撃電流**（**return-stroke current**）となる．あるいは，リー
ダ放電路の負電荷が地表に流入する電流が，雷撃電流であると表現してもよい．
リーダが地表に接触する瞬間の激しい放電電流が，雷撃電流の急峻な立ち上が
りとなり，放電域の上昇中は雷撃電流が継続し，放電域が負帯電放電路の上端
に達して停止すると雷撃電流はゼロとなる．ここに，リーダが地表に接触する
と述べたが実際には，リーダが地表との距離 20 m〜200 m に接近すると地表か
らも上昇リーダが発進し，両者が大気中で結合するとリターンストロークの発
進となる．

　リターンストロークは，高速回転カメラ[41][43][47]，雷放電進展様相自動観測装置[42]などによって観測され，また 1982 年にはアイドンとオーヴィル（V.P. Idone and R.E. Orville）[49]によって，その進展速度が正確に測定されている．しかし，リターンストロークそのものは極めて急速な短時間現象であるから，その機構を定量的に解明することは容易ではない．

　1980 年，リン，ユーマンおよびスタンドラ（Y.T. Lin, M.A. Uman, and R. B. Standler）[50]は，数量的なモデルによってリターンストロークの機構を考察した．これに引き続き，電磁気学的解析によるリターンストロークの研究が活発に行われている．

## 6.11　雷撃電流（return-stroke current）

　雷撃電流は短時間でピークに達し，ピークからは指数曲線状に減衰するいわゆる衝撃波形となる．ゼロ点からピークまでの立ち上がり時間を**波頭長**，ピーク以後電流値が 2 分の 1 になるまでの時間を**波尾長**と名付ける．雷撃電流の特性は，**波頭長，波尾長，ピーク値**（これを**波高値**と名付ける）の三者で表示される．

　被雷物体にロゴスキーコイル，シャント抵抗などのセンサーと記録回路を設ければ，雷撃電流波形を記録することができる．夏季の落雷記録では負電荷を大地に下ろす**間欠雷撃**の数が圧倒的に多く，統計処理のできる多数の記録が得られている．図 6-13 に代表的な雷撃電流波形を示す．

　これらは正電荷が地表から流出するものであるから，電流としてはマイナスとなる．図(a)が第 1 雷撃電流の波形，図(b)が後続雷撃電流の波形を示す．縦軸は規格化して示している．波形は第 1 雷撃と後続の雷撃で若干異なり，第 1 雷撃では，波頭長が 10 μs 程度であるが，後続雷撃では 1 μs 程度となり，後続雷撃の方が立ち上がりが急峻になる．波高値の記録結果の統計を図 6-14 に示す．

　これはスイスの研究者ベルガー，アンダーソンおよびクロニンガー（K. Berger, R.B. Anderson, and H. Kroninger）[51]の記録結果で，最も代表的な統計といわれる．横軸には対数スケールで波高値を示し，縦軸に発生頻度を示す．

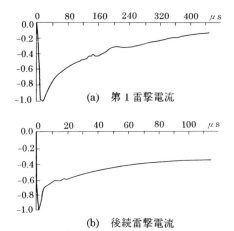

(a)　第1雷撃電流

(b)　後続雷撃電流

図6-13　負電荷を大地に下ろす代表的な雷撃電流波形
　　　　(a)第1雷撃電流波形　(b)後続雷撃電流波形
　　　　（ベルガー等[51]）

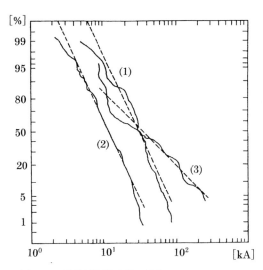

図6-14　雷撃電流波高値の分布
　　　　（1）：負電荷を大地に下ろす第1雷撃電流
　　　　（2）：負電荷を大地に下ろす後続雷撃電流
　　　　（3）：正電荷を大地に下ろす雷撃電流
　　　　（ベルガー等[51]）

図中の (1) は第1雷撃，(2) は後続雷撃の波高値の分布を示す．50％に対応する値が中位値すなわち代表値で，第1雷撃が30kA，後続雷撃が12kAとなっている．ここまではすべて，6.5〜6.9節で述べたように，負帯電リーダ下降型の落雷について解説してきたが，雷撃電流は他の三つの型の落雷についても定義することができる．(1)，(2) は負電荷を大地に下ろす落雷，すなわち負極性落雷の統計を示し，(3) は正電荷を大地に下ろす落雷，すなわち正極性落雷の統計を示す．この型の落雷は，大多数が単一落雷であるため，統計は第1雷撃，後続雷撃を区別していない．

雷撃電流の波高値，波頭長，波尾長は，**避雷器**（送電線，配電線が落雷を受けたとき，雷撃電流を吸収して，これらに接続された電気機器を保護する装置）の設計に不可欠なデータであるから，雷害防止を目指す電力工学者によって，非常に多数の記録が収集されている．

## **6.12** K-過程（K-process）

図6-10（p79）の多重落雷の光学的・電磁気学的同時記録でファストアンテナによる電界変化記録をみると，雷撃間隔に，最大振幅がリターンストロークパルスの10分の1あるいはそれ以下，持続時間が1ms〜2ms程度の連続パルス群が繰り返し発生している．繰り返し間隔は2ms〜30msの範囲にあり，代表値は10msである．光電管で同時記録を行うと，この過程は継続時間1ms〜2msの発光を伴っている．北川[44]は，この現象を**K-過程**（**K-process**），ファストアンテナに現れる電界変化を**K-変化**（**K-change**）と名付け，その発生機構を次のように説明した．

雷撃間隔では6.8節（p80）で述べたように，停止したリターンストローク放電路の上端から，J-ストリーマが負電荷領域に浸透する（図6-11，p81参照）．雷雲の電荷は雲中の乱流構造に対応して濃・淡不均一の分布をしているので，J-ストリーマが進展するとき，負電荷の濃密分布域に達すると放電が強化されてファストアンテナ記録に**K-変化**が発生する．雲底下の放電路の発光が消失しているときは，J-ストリーマ先端の発光が強まり短時間発光の**K-過程**となる．雲底下の放電路の残光が継続しているときは，残光が短時間強まり**M-コン**

ポーネントの発生となる．

1960 年，北川信一郎とブルック（N. Kitagawa, and M. Brook）[52]は，**雲放電**のほとんど全過程でK-過程が同様な時間間隔で繰り返され，振幅はリターンストロークに匹敵する大きさのものが含まれることを見出し，**雲放電は大小のK-過程**の繰り返しと考えた．

1964 年，小川俊雄とブルック（T. Ogawa and M. Brook）[53]は，電磁気学的記録装置，光学的記録装置によって雲放電を記録し，**雲放電のK-過程**は本質的にはリターンストロークに類似する**帰還ストリーマ（recoil streamer）**であると結論した．

## 6.13 電磁波受信により雷放電位置を標定するシステム （LLP，LPATS および SAFIR）

雷放電から放射される電磁波を多地点で同時受信し，そのデータを収集・解析して，雷放電の位置を標定することができる．このシステムは，かつては雷研究の手段として使用されたが，エレクトロニクスの進歩に伴い，今日では，雷監視の常備システムとして実用化されるようになった．これらは商品名で，それぞれ**LLP**（lightning location and protection），**LPATS**（lightning positioning and tracking system），**SAFIR**（systeme de surveillance et d'alerte foudre par interferometrie radiotechnique）と呼ばれる装置である．

LLP は，直交ループアンテナによる方位測定器を複数局に設置し，測定されたデータを電話回線などによって一局に集中し交会法によって雷放電位置を標定する方式である．LLP は，ファストアンテナを併用して，雷放電の波形を記録し，落雷に対応する波形を選択し，落雷放電路が地表に達する位置を標定し，あわせて電流波高値，極性を求めるよう設計されている．図 6-15 は，わが国におけるLLP局の配置を●印で示す．各地域の電力会社が雷監視業務，雷撃電流の統計値作成などの目的で，それぞれのシステムを運用している．

LPATS は，2 kHz〜500 kHz 帯電磁波の複数局への到達時間差を求めることにより，電磁波源の位置を標定するシステムで，標定点を確定するには少なくとも 4 局の設置が必要とされる．この方式では高い時間精度で測定局相互の

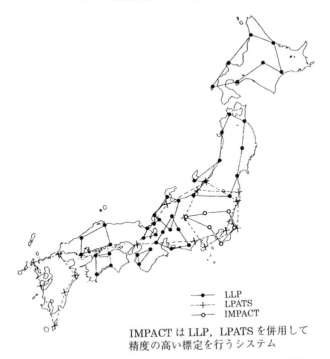

IMPACT は LLP, LPATS を併用して
精度の高い標定を行うシステム

図 6-15 落雷位置標定システム（LLP, LPATS）の配置状況

同期をとる必要があり，かつては技術的難点であったが，GPS（global position-ing system）が実用に供されている今日，この問題は解消し高い精度の位置標定が可能となっている．LPATS では，ファストアンテナによる波形同時測定を行い，落雷波形だけを取り上げて標定を行っている．

図 6-15 は＋印で LPATS 局の配置を示す．各地域の電力会社および気象情報提供会社が，それぞれのシステムを運用している．

アメリカでは，LLP 測定網と LPATS 測定網が結合されて一つの測定網に統一され，国の全域で常時，落雷位置標定が行われ，その結果が公開されている．また各局で両方式の受信を併用して一層精度の高い標定を行う方式（improved accuracy from combined technology 略称 IMPACT）が実用化されている．わが国でも関東地方で，この方式を採用したシステムが稼働していて，± 500 m という精度で落雷点の標定が行われている．図 6-15 はこのシステムの配置を

○印で示す．

　SAFIRはフランスのONERA（国立宇宙工学研究所）の雷研究グループの考案によるもので，一対のダイポールアンテナに入射する電磁波の位相差を測定して，その到来方向を求める方式を採用している．2測定局を作動させれば交会法により雷放電の各成文放電の位置を標定することができることになる．実際には精度を上げるために少なくとも3測定局を設ける．SAFIRの特徴は，落雷，雲放電を問わず**雷撃，K-過程**など個々の成分放電の位置を標定することができることである．ダイポールアンテナの組み合わせによっては，鉛直高度を含める放電路の三次元位置標定も可能である．

　現在，大阪大学工学部と関西電力株式会社は共同して，滋賀県彦根，福井県三国，京都府宮津に3局を設け，主として冬季雷の監視と研究を目的として運用している．また日本気象協会は，雷監視の目的で関東地方全域をカバーするSAFIR網を1995年に設置し，運用を継続している．

第**7**章

# 冬 季 雷

## 7.1 日本海沿岸の冬季の雷

　秋田県から島根県にいたる日本海沿岸では，冬季にしばしば雷が発生することがあり，4.7 節（p 47）に述べたように 11 月，12 月に雷日数が多くなる．本州の日本海沿岸には，相川，西郷を含め 15 の気象観測所があり，ここでは，電光，雷鳴の時刻，強弱，方向が逐一記録されている．北川信一郎[18]は，そのデータに基づいて 1986 年 11 月から 1987 年 3 月までの 5 ケ月の雷活動状況を調べた．表 7-1 は，縦軸に北東から南西に 15 の観測点を配列し，横軸に日付を取り，電光，雷鳴が観測された時点に，電光・雷鳴の記号Ｋを記入した．

　Ｋが記入された日数すなわち雷日数は，11 月は 9 日，12 月は 12 日，1 月は 17 日，2 月は 11 日，3 月は 7 日で合計 56 日であった(雷日数については 3.9.2 項［地表観測］，p 35 参照)．冬季雷が多いといわれる金沢，福井および敦賀の 3 地点の平均月間雷日数はそれぞれ 3.7 日，3 日および 2.8 日となる．これらの値は 1989 年，北川信一郎（N. Kitagawa）[54]が行った 100 年間の雷日数の統計結果とほぼ等しい．したがって，表 7-1 の結果は，わずか 1 シーズンのものであるが，代表的な冬季雷発生の状況を示すものと考えられる．

　表 7-1 にみられるように，3 地点以上の多数の地点で同時に雷が観測される雷日が大多数で，日本海沿岸全域で，ほぼ同時に雷が発生する傾向が顕著である．発雷がただ一地点に限られる事例は，56 日中わずか 5 日であった．4.2 節で述べた雷雲発生の条件は，日本海沿岸の全域で，ほぼ同時に実現すると考えられる．雷活動の継続時間は，総じて短く平均で 27 分，1 時間を超える例はみ

**表 7-1** 日別，地点別に整理した雷発生

| | 1986年11月 | | | | | | | | | 1986年12月 | | | | | | | | | | | |
|---|---|---|---|---|---|---|---|---|---|---|---|---|---|---|---|---|---|---|---|---|---|
| | 04 | 05 | 07 | 08 | 10 | 11 | 13 | 22 | 30 | 03 | 04 | 07 | 10 | 19 | 21 | 22 | 23 | 24 | 25 | 28 | 31 |
| 秋田 582 | ☈ | ☈ | ☈ | | ☈ | | ☈ | | ☈ | | | | | | | | ☈ | ☈ | ☈ | | |
| 酒田 587 | | | ☈ | ☈ | ☈ | | ☈ | ☈ | ☈ | | ☈ | ☈ | ☈ | | | | ☈ | ☈ | | | |
| 相川 602 | | | ☈ | | ☈ | ☈ | | | | | ☈ | | | | ☈ | | | | | | |
| 新潟 604 | | | | | | | | | | | ☈ | | ☈ | | ☈ | | | | | | ☈ |
| 輪島 600 | | | | | | | | | | ☈ | ☈ | | | | | | | | | | ☈ |
| 高田 612 | | | | | | ☈ | | | | | ☈ | | | | ☈ | | | | | | ☈ |
| 金沢 605 | ☈ | | | | | ☈ | | | | | ☈ | | | ☈ | ☈ | | | | | ☈ | |
| 福井 616 | ☈ | | | | | | | | | | ☈ | | | ☈ | | ☈ | | | | ☈ | |
| 敦賀 631 | | | | | ☈ | | | | | | ☈ | | | ☈ | | | | | | | |
| 豊岡 747 | | | | | | | | | | | ☈ | | | | | ☈ | | | | | |
| 鳥取 746 | | | | | | | | | | | ☈ | | | | | ☈ | | | | | |
| 米子 744 | | | | | | | | | | | ☈ | | | | | | | | | | |
| 松江 741 | | | | | | | | | | | | | | | | | | | | | |
| 西郷 740 | | | | | | | | | | ☈ | ☈ | | | | | | | | | | |
| 浜田 755 | | | | | | | | | | | ☈ | | | ☈ | | | | | | ☈ | |

| | 1987年1月 | | | | | | | | | | | | | | | | | 1987年2月 | | | | | | | | | | | 1987年3月 | | | | | | | |
|---|---|---|---|---|---|---|---|---|---|---|---|---|---|---|---|---|---|---|---|---|---|---|---|---|---|---|---|---|---|---|---|---|---|---|---|---|
| | 01 | 06 | 07 | 08 | 09 | 10 | 12 | 13 | 14 | 17 | 18 | 19 | 25 | 27 | 28 | 29 | 30 | 03 | 04 | 07 | 14 | 16 | 23 | 24 | 25 | 26 | 27 | 28 | 01 | 02 | 04 | 05 | 06 | 15 | 16 | 26 |
| 秋田 582 | | | | | | | | | | | | | | | | ☈ | | | | ☈ | | | ☈ | | ☈ | | ☈ | | | | | ☈ | | ☈ | ☈ | |
| 酒田 587 | | | | | | | | | | ☈ | | | | | | | ☈ | | | | | | | ☈ | | | | | | | ☈ | | | ☈ | ☈ | |
| 相川 602 | | ☈ | | | ☈ | | | ☈ | | | | | | | | | | | | | | | | ☈ | ☈ | | | | | | ☈ | | | | | |
| 新潟 604 | | | | ☈ | | | | ☈ | | ☈ | | | | | | | | | | | | | | ☈ | | | | | | | | ☈ | | | | ☈ |
| 輪島 600 | | ☈ | | | | | | | | ☈ | | | | | | | | | | | ☈ | | | ☈ | | | | | | | | ☈ | | | ☈ | |
| 高田 612 | ☈ | ☈ | | ☈ | | | | ☈ | ☈ | ☈ | ☈ | | | | | | | | | | | | | | ☈ | ☈ | | ☈ | | ☈ | | | | | | |
| 金沢 605 | | | | ☈ | | | ☈ | ☈ | | ☈ | | | | | | | | ☈ | ☈ | | | ☈ | | ☈ | | | ☈ | ☈ | | | | ☈ | | | | |
| 福井 616 | | | | ☈ | | | | ☈ | | ☈ | | | ☈ | ☈ | | | | | | | | | | ☈ | ☈ | ☈ | | ☈ | | ☈ | | | | | | |
| 敦賀 631 | | | | ☈ | | | | ☈ | | ☈ | ☈ | ☈ | ☈ | | ☈ | | | | | | | | | ☈ | ☈ | ☈ | | | ☈ | | | | | | | |
| 豊岡 747 | | | | | | | | | | | | | | | | | | | | | | | | | | | | | ☈ | | | | | | | |
| 鳥取 746 | | | | | | | | ☈ | | | | | ☈ | | | | | | | | | | | | | | | | | | ☈ | | | | | |
| 米子 744 | | | ☈ | ☈ | | ☈ | | ☈ | ☈ | | | | | | | | | ☈ | ☈ | | | | | ☈ | | | | | | | ☈ | | | | | |
| 松江 741 | | | ☈ | | | | | ☈ | ☈ | | | | | | | | | ☈ | | | | | | ☈ | | | | | | | ☈ | | | | | |
| 西郷 740 | | | ☈ | ☈ | | | | ☈ | | | | | | | | | | ☈ | | | | | | ☈ | | | | | | | | | ☈ | | | |
| 浜田 755 | | | ☈ | | | | ☈ | ☈ | | | | | | | | | | ☈ | | | | | | ☈ | | | | | | | | | ☈ | | | |

られなかった．ここで雷活動の継続時間とは，一連の電光・雷鳴記録で最初の観測時刻から最終の観測時刻までの時間とし，一発雷は継続時間 0 として扱った．

**落雷位置標定システム**（6.13 節，p 88 参照）で落雷点を標定すると，図 7-1 に示す鈴木福宗等[55]の観測例のように，落雷点は海岸線から距離 120 km 以内の沿岸海域に分布し，それより沖の日本海中央に近い海域には見出されない．これは後述するように，日本海上を移流するシベリア気団は，海上に出ると対流雲を発生するが，一定距離移流を継続しないと雷雲に発達しないからである．また気団は上陸すると水蒸気補給が絶たれるので雷雲は衰弱し消滅する．その結果，陸上の落雷点の分布は，海岸線から距離 25 km 以内の沿岸地域に限られる．

雷雲発生の原因は，冷たいシベリア気団が，相対的に暖かい日本海上を移流することによって規模の大きい大気成層の不安定が形成されることであり，これに前線通過，低気圧発生などの上昇気流発生効果が加わる．移流するシベリ

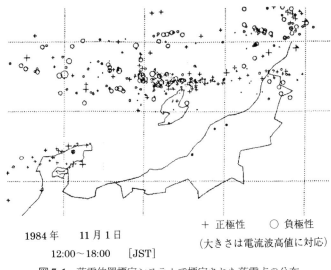

＋ 正極性　〇 負極性
（大きさは電流波高値に対応）

1984 年　　11 月 1 日
12:00～18:00　　[JST]

**図 7-1** 落雷位置標定システムで標定された落雷点の分布
（鈴木福宗等[55]）

ア気団の気温が十分低いときには，図7-2の衛星写真のように，沿海州沿岸から100km程度移流すると対流雲が発生し，気流の移流方向に沿って筋状に対流雲の列が形成される．対流雲は日本海を横断して，本州沿岸に近づく頃に雷雲に発達する．本州沿岸を流れる暖流，対馬海流がシベリア気団との温度差を拡大する効果も，雷雲生成に寄与すると考えられる．

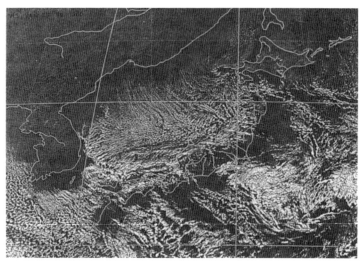

**図7-2** 気象衛星で撮影した日本海上の寒気の移流によって発生する筋状の雲
（気象庁提供）

地元の人々は，晩秋から初冬季におきる雷を冬のまえぶれと考え，「雪おこし」と呼び，回遊魚「鰤」の到来のまえぶれでもあることから「鰤おこし」とも呼んでいる．

冬の雷雲の雷活動は，夏の雷雲にくらべ一般に弱く，「ごろっと」一回鳴るだけで終わるものが多く，「一発雷」と呼ばれる．

## 7.2 冬季雷研究の発足

夏季の落雷は，90％以上が雲の負電荷を大地に下ろす**負極性落雷**であるのに対し，竹内利雄と仲野 黃（T. Takeuti, and M. Nakano）[56]は，冬季の落雷の

大半は，雲の正電荷を下ろす**正極性落雷**であることを見出し，このことを 1974
年，西ドイツで開催された国際大気電気学会で発表した．これがきっかけとな
り，国際的に冬季雷の研究が活発になった．石川県宇ノ気町周辺の海岸域では，
2 シーズンにわたり，アメリカ，ニューメキシコ工科大学，北海道大学，名古
屋大学などによる国際共同観測が行われ[57][58]，引き続き名古屋大学が中心とな
り，埼玉大学他いくつかの大学，専門学校が協力して，冬季雷の研究が行われ
た．竹内利雄と仲野 嘖[59]は，この一連の研究で日本気象学会賞を受賞した．さ
らに 1977 年からは，堀井憲爾を指導者として，名古屋大学，名古屋工業大学，
中部大学，豊田工業高等専門学校，石川工業高等専門学校その他の学校が参加
するロケット誘雷実験グループが，石川県河北潟干拓地で誘雷実験を始め，す
ぐれた研究成果をおさめている[60]（9.1 節，p 119 参照）．

　また日本海沿岸の送電線の雷害は，しばしば重大な停電事故を引きおこすの
で，多数の電力工学者が雷害防止の立場から，冬季雷の研究に取り組んでいる．

　日本海沿岸と気象条件が類似するノルウェーの大西洋岸でも，しばしば冬季
雷が発生し，ノルウェーの電力工学者には，この雷害防止問題が大きい課題と
なっている．竹内，仲野等は 1982 年から，ノルウェーの電力工学者の協力を得
て，大西洋岸の小島スメラ島で冬季雷の観測を実施した．筆者もこのグループ
の観測に加わり，雷雲活動の状況が，「一発雷」と呼ばれる日本海沿岸の雷雲に
よく似ていることを体験した．

## 7.3　冬季の雷雲の特徴

　図 5-2（p 52）は，共通の温度高度で夏季，冬季の雷雲のモデルを描いている．
夏季の午後，地表気温は 30℃ になるのに対し，初冬季，雷雲が形成される日本
海の沿岸に近い海面上では気温は，10℃ 程度で厳冬季にはさらに低くなる．温
度高度を縦座標にとると，地表面は気温が低くなるに従ってせり上がることに
なる．**圏界面**（対流圏と成層圏との境界面，3.1 節，p 13 参照）は，夏季の約
-60℃ から，冬季は約 -50℃ に低下する．その結果，冬季には対流活動の行わ
れる対流圏の厚さは，夏季の 2 分の 1 程度となる．

　雷雲は，対流圏最上層に達する大規模な対流で形成される．冬季は対流圏の

厚さが約2分の1になるので，雷雲の対流活動がそれだけ弱くなり，上昇気流
速度，下降気流速度は，夏季にくらべ著しく低くなる．冬季の雷雲は，組織化
されたマルチセルストーム(4.3節, p40参照)に発達することはほとんどなく，
単一セルか，複合してもその数はたかだか2～3で，セルは線状にならぶ場合
が多い．またセル構造が不明確になり水平方向に十数km広がる雲形をとるこ
ともある．このセル構造不明確な雲の雷活動は弱く，一発雷となる場合が多い．

## 7.4 冬季の雷放電の特徴

### 7.4.1 季節による雷活動の変化と −10℃温度層の地表からの高度

石川県小松市の周辺には，防衛庁によって気象レーダ，雷方向探知器システ
ムなどの雷観測施設が設置されている．防衛大学校の道本光一郎 (K.
Michimoto)[61][62]は，これらの施設を駆使して夏，冬の雷の特性を比較する研究
を行った．以下に，その結果を要約する．

図7-3は，1988年8月6日の夏季雷雲の観測例で，図(a)は，地図上に水平面
エコーを示す．使用したレーダはPPI表示であるが，仰角を自動的に変え一定
高度のエコー平面図を描くことができる（この表示方式をconstant altitude
PPI，略してCAPPI（キャピー）という）．ここでは高度7kmのエコーを表示

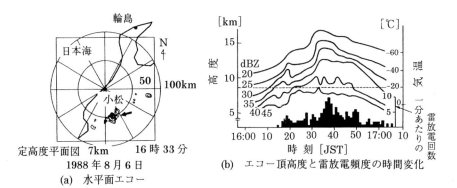

図7-3 夏季の雷雲のエコー頂高度と雷放電頻度
(道本光一郎[63], p50)

し，矢印の黒色部が雷雲を示す（細い線は山岳地形のエコーである）．図(b)は，エコー頂高度と雷放電頻度（1分あたりの雷放電回数）の時間変化を示す．

1.4節で述べたように，あられの大量生成が，対流雲が雷雲となる必要条件である．あられ域は，レーダでは強度30 dBZ以上のエコーとして観測される．この30 dBZエコー高度の推移をみると，16時35分に12.5 kmの最高高度に達し，その3分後に雷放電頻度は10回/分という最高値になり，雷活動の継続時間は52分にわたっている．このように，雲頂高度が高く，活発な雷活動を一定時間継続するのが夏季雷雲の特徴である．

図7-4は，1987年12月22日の初冬期の雷雲の観測例で，図(a)は，地図上に高度2 kmの水平面エコーを示す．1個所地形エコーも表示されているが，それ以外は雷雲または対流雲のエコーである．図(b)は，エコー頂高度と雷放電頻度（1分あたりの雷放電回数）の時間変化を示す．あられ域に対応する30 dBZのエコー頂は最高4.8 kmで，雷放電頻度は最高5回/分，雷活動の継続時間は22分であった．

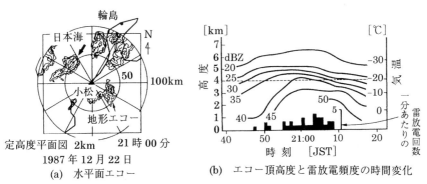

(a) 水平面エコー

(b) エコー頂高度と雷放電頻度の時間変化

**図7-4**　初冬期の雷雲のエコー頂高度と雷放電頻度
（道本光一郎[63]，p51）

図7-5は，1990年1月22日の厳冬期の一発雷の観測例で，図(a)は，地図上に高度2 kmのエコーを示す．1個所地形エコーも表示されているが，それ以外は雷雲または対流雲のエコーである．図(b)は，エコー頂高度の時間変化と一発雷発生時刻を示す．あられ域に対応する30 dBZのエコー頂は最高3.5 kmで，エコー中心が上陸する直前に一発雷が生じた．図7-3の夏季の雷雲では，あら

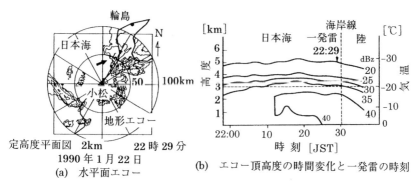

図7-5　厳冬期の雷雲のエコー頂高度と一発雷の時刻
（道本光一郎[63], p52）

れ域の高度が 12.5km に達し，地表からこの高度まで吹き上がる上昇気流は非
常に激しくなり，その速度は最高 20m/s となる．この上昇気流は強，弱の波を
繰り返しながら1時間程度継続し，活発な雷活動を維持する原動力となった．
これに対し，図7-4 の初冬季の雷雲では，あられ域の高度は最高で 4.8km で，
ここまで吹き上がる上昇気流は，夏季ほど激しくはならない．あられの終末速
度は 4m/s で（表3-2, p30 参照），この雷雲では上昇気流速度が 4m/s 以上に
なる期間は 20 分程度で，あられが雲中に滞留する期間は短くなり，雷活動の継
続時間も短くなった．図7-5 の厳冬期の雷雲では，上昇気流は一層弱くなり，
あられの生成による電荷分離は，一発の雷放電をおこすだけで終わっている．
厳冬期に限らず，冬季には，上昇気流が弱く一発雷で終わる対流雲がしばしば
出現する．

　一般に，夏季，初冬期，厳冬期と季節が寒冷になるに従って，あられが生成
される -20℃〜-10℃ 温度層と地表との高度差が縮小して，この層まで吹き上が
る上昇気流速度が弱くなり，これに対応して雷活動が弱くなる．

　2.4 節で，対流雲は，背丈が高く発達し，その中で多量のあられが生成される
と，雷雲となることを述べた．あられが生成されるのは，水蒸気を含む気塊が
-20℃ 温度層より上方に吹き上がるときである．夏季，-20℃ 温度層は高度約
7km にあるので，レーダで対流雲を監視するとそのエコー頂が高度 7km 以上
に発達すると，この対流雲は確実に発雷する．ところが冬季は，対流雲のエコ

一頂が，-20℃温度層より高く発達しても発雷しない事例がときどき現れる．

道本光一郎[61]はこの問題をとりあげ，発雷の可能性のある対流雲を対象にして，雷方向探知システムで雷活動を調べ，レーダでエコー頂高度を観測し，同時に，そのときの周囲大気の-10℃温度層の地表高度を調べた．観測点小松から距離110kmに輪島高層気象台があるので，その高層気象データから温度高度と地表高度との関係を十分な精度で知ることができる．

図7-6は，縦軸に-10℃温度層の地表高度をとり，横軸に対流雲のエコー頂の温度高度をとって，レーダ観測，高層気象観測の結果をプロットした．プロットでは，通常の頻度で発雷したエコー頂高度には○，一発雷のエコー頂高度には●，無発雷のエコー頂高度には×という記号をつけた．

図7-6で，-20℃温度高度を通る縦線を描くと，この縦線より左側の領域にあるプロットはエコー頂高度が-20℃温度高度より下方にあるのですべて無発

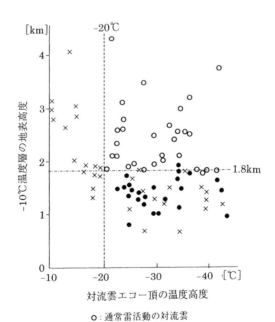

**図7-6**　周囲大気の-10℃温度層の高度と対流雲の発雷，無発雷の関係
（道本光一郎[61]，気象学会）

雷である．これは夏・冬共通である．問題は，この縦線の右側の領域にありエコー頂高度が -20℃ 温度高度より上方にあるプロットである．このプロットの中には，一発雷●および無発雷×が含まれている．ここで -10℃ 温度層が地上高 1.8 km にあることを示す横線を描くと，●および×はすべてこの横線より下の領域に分布し，この横線より上の領域にあるプロットはすべて○で，通常の頻度で発雷している．図 7-6 は，対流雲が生成される大気環境で，-10℃ 温度層が地上高 1.8 km より低くなると，対流雲があられを生成する高度まで発達しても，雷をおこさないか，おこしても一発雷で終わることを示している．道本は，図 7-3，図 7-4，図 7-5 のような観測結果から，あられが生成される -20℃～-10℃ 温度層の高度が低くなるほど雷活動が弱くなるという傾向を見出したが，図 7-6 によってこの関係を量的に示した．

2.4 節で，雲頂高度が，-20℃ 温度層より上層まで発達する対流雲が雷雲になると述べた．これは対流雲が雷雲になるための必要条件であるが，-10℃ 温度層が，地表から 1.8 km 以上の高度にあるという大気環境も必要条件である．この環境は，夏季には常に実現しているが，冬季あるいは高緯度地域では，雷発生の必要条件として見逃すことができない．4.2 節で雷雲発生の一般条件として，(1)大気成層が十分不安定であること，(2)上昇気流を始動する大気運動が出現することの二つを挙げた．-10℃ 温度層（あるいは -20℃ 温度層）が一定の地表高度以上にあるという大気環境を第三の必要条件としてこれに加える必要がある．

道本光一郎[63]は，「冬季雷の科学」と題する本を著し，自己の研究結果に基づいて，独特のわかりやすい表現で冬季雷の特徴を解説している．

### 7.4.2　正極性落雷

夏季の落雷は，90 ％ 以上が負極性で，正極性落雷は 10 ％ 以下である．日本海沿岸の冬季落雷の大半が正極性であることを報じた竹内利雄と仲野 賁（T. Takeuti, and M. Nakano)[56]の研究発表は，1974 年の国際大気電気学会で大きな波紋をまきおこした．ニューメキシコ工科大学のブルック（M. Brook）のグループは，雷放電の急変化電界を多地点で同時測定して，放電に関与する電荷の三次元位置決定を行う観測技術をもっている（3.4.3 項，p 22 参照）．

1976〜1978 年の 2 シーズン，このグループが参加した冬季雷の国際協同観測が，石川県宇ノ気町近郊の海岸域で実施された[57][58]．この一連の観測で次のような結果が得られた．

(1)　雷雲の主要な電荷分布は上正，下負の通常の二極構造であるが，雲の上部の正電荷を大地に下ろす**正極性落雷**の発生率が高く，1977〜1978 年の冬シーズンでは，41.2％ が正極性落雷であった（63 落雷中 26 落雷）．

(2)　落雷に含まれる雷撃数は少なく，大多数が**単一落雷**で，落雷の約 80％ が**長い連続電流**（6.9 節，p 83 参照）を伴った．

(3)　落雷の中には 100 C（クーロン）以上の多量の電荷を下ろすものがあり，とくに正極性落雷に異常に多量の電荷を下ろすものがしばしば観測された．

　これらの特徴点は，その後行われた多数の冬季雷の観測でも確かめられ，冬季雷に共通することが明らかになっている．正極性落雷の発生率は 20％〜80％ といわれ，観測場所や観測時期によってまちまちであるが，鈴木俊男（T. Suzuki)[64] は，長期の観測結果の統計から，正極性落雷の平均発生率として 33％ という値を導いている．

　雲の上部に分布する正電荷が，なぜ直接大地に放電するかという問題については，ブルック等[58]，竹内と仲野[59] は，寒気の移流に伴う強いウィンドシャーで雷雲が傾き，正負電荷の位置が水平方向に大きくずれて，上部正電荷が直接大地に向かい合うためと推測した．北川[18] は，冬季の雷雲では上昇気流が弱く，アラレに担われた下部負電荷が，早期に地表に落下し，残された上部正電荷が大地に対向する期間が相対的に長くなることが主要な原因であると指摘した．この雷雲の単極電荷分布期間が長くなることによって，正極性落雷が，ときに異常に多量の電荷を下ろすことも容易に説明される．

　冬季雷の本格的研究が始まって 30 年近くなり，冬季雷の特徴点はかなり明確になったが，その機構，気象条件との因果関係などについては，今後の研究を待たなければならない問題が多い．

### 7.4.3　リーダ上昇型の落雷

　第 6 章で，夏季雷の 90％ 以上が，負帯電リーダ下降型であることを述べた（図 6-1，p 67 参照）．これに対し冬季雷では，リーダ上昇型の落雷の発生率が

高く，正帯電リーダ上昇型，負帯電リーダ上昇型ともに高い発生率で発生する．したがって 6.3 節の図 6-3 (p 68) にみられるような上向きに分岐する電光の発生率が高くなる．ちなみに，図 6-3 は，1998 年 12 月に新潟県の名立町の郊外で撮影されたものである．

最初に空気の絶縁を破壊して落雷を引きおこすリーダが，夏季はほとんどすべて雲中で発生するのに対し，冬季は地表で発生する比率が高くなる．冬季は，雷雲の帯電域が著しく地表に近くなり，地表電界が極めて強くなるからである．リーダ上昇型落雷は，夏季は高い鉄塔，高層建築などに限られるが，冬季は草木，柵，建物の先端などいたるところから発生する．また高い建造物があると，そこからのリーダ発生率は著しく高くなる．たとえば，高さ 553 m のカナダのトロントの CN タワーでは年平均 40 回，このリーダ上昇型の落雷が発生し，大多数が冬季におきた．わが国では，福井県三国の火力発電所の構内にある高さ 200 m の煙突に，7 年間に 175 回落雷が発生し，そのうち 174 回は冬季におき，リーダ上昇型の落雷であった．現在，この煙突には雷撃電流波形測定センサーが設けられ，煙突先端を視野に入れた雷放電進展様相自動観測装置 (ALPS)[42] が設置され，冬季落雷データ収集の有力な設備として利用されている．

正帯電リーダは地表からスタートして，雲の負電荷領域に向かい，負極性落雷をおこし，負帯電リーダは雲の正電荷領域に向かい正極性落雷をおこす．

### 7.4.4 著しくエネルギーの大きい落雷

1977 年，ターマン (B. N. Turman)[65] は，アメリカの軍事基地探査衛星の記録を解析し，<u>光エネルギーが，通常の雷放電より 1 〜 2 桁大きい特異な電光がしばしば記録されていることを見出し，これを**スーパーボルト**と名付けた</u>．スーパーボルトは冬季日本付近の上空で比較的多く観測されたという．

宇ノ気町近郊で行われたブルック等[58] の観測結果では，100 C（クーロン）以上の正負電荷を中和する落雷が 7 回観測され，最高は ＋786 C であった．電力中央研究所報告[66] には，1000 C という値が記載されている．落雷のエネルギーは中和電荷の二乗に比例するから，このような落雷のエネルギーは通常の落雷にくらべ 100〜1000 倍になり，その破壊作用は極めて大きくなる．

　石川県河北潟でロケット誘雷が開始された翌年1978年の冬季に，新築早々の宇ノ気町庁舎が，落雷で異常な大破損を受けた．地元の人々はロケット打ち上げに対し，雷神の怒りが爆発した結果と考えた．石川県内灘町にある金沢医科大学病院では，1987年12月および1988年11月に落雷を受け，いずれの場合も，約1300の電話回線が不通となり，空調・給排水制御回路，自動火災報知回路などが故障し，病院の機能が麻痺するという大事故となった．石川県加賀市の大観音加賀寺には，地上高73mのコンクリート製観音立像と本堂，三十三間堂，金色堂，美術館などの施設がある．1987年12月，1988年1月の落雷でその都度，観音立像の頭部に損傷が生じ，空調制御回路，水道プラント制御回路，火災報知回路，拡声器回路が故障し，消火栓ポンプ配電盤の焼損がおきた．これらの施設は，いずれもJIS規格の避雷設備を備えているので，通常のエネルギーの落雷であれば相当に防護されたはずである．このような被害をおこした落雷は，エネルギーが100〜1000倍程度のものであったと考えられる．

第**8**章

# 人体への落雷と安全対策

## 8.1 人体が雷にうたれるとどうなるか？

　落雷による人体の死傷事故については，国の内外に多くの報告があり，ゴールデとリー（R.H. Golde, and W.R. Lee）[67]は，1976 年に，欧米における主要な報告をまとめた総合報告を刊行した．わが国では，1967 年 8 月 1 日，西穂高岳独標でおきた松本深志高校一行の落雷遭難事故について詳細な報告書（松本深志高校 1969 年）[68]が刊行された．しかし，従来の落雷事故報告を寄せ集めるだけでは，人体が雷にうたれるとどうなるか？　この問に正確に答えることはできない．なぜなら，人体が落雷を受けたとき，人体の内外でどのような電気現象が発生し，この現象がどのように人体に作用するか？　この問題が，ほとんど解明されていなかったからである．人体実験ができないので，この問題の解明は立ち後れたままになっていた．従来の「避雷心得」が，的はずれで役立たないのは，このためである．

　北川信一郎は，1971 年に医・理・工の 3 分野の研究者からなる「人体への落雷の研究グループ」を組織して，模擬人体・動物を用い落雷を模擬する実験を行って，問題解明に必要なデータを収集し，これと平行して，人体への落雷事故の実地調査，臨床調査を行い，実験と調査の結果を総合して，人体への落雷を研究した．

　「人体への落雷の研究グループ」は，この方法による研究を約 20 年継続し，世界に先駆けて人体への落雷の特性を明確にした[69]．この結果，雷に対する人体の安全対策が明らかになり，1991 年，日本大気電気学会は，「雷から身を守る

には―安全対策 Q&A―」[70]と題するパンフレットを刊行して，この安全対策を
わかりやすく解説している．

## 8.2 人体への落雷を模擬する実験

　「人体への落雷の研究グループ」は，**雷インパルス電圧**（波頭長 1 $\mu$s，波尾長
40 $\mu$s の衝撃波で，落雷の衝撃電圧を標準化したもの）を模擬人体，動物に加え
る多様な放電実験を行った（波頭長，波尾長については 6.11 節，p 85 参照）．
　実験の目的の第一は，人体が落雷を受けたときの人体内外の電気現象を解明
することで，電気的に人体と同等な等身大の人形を製作し，図 8-1 に示すよう
に，その頭上に約 1.2 m の距離をおいて棒電極を設け，これに雷インパルス電
圧を加える実験を行った．

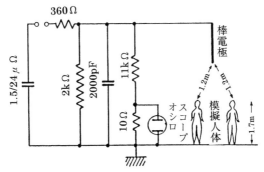

**図 8-1**　模擬人体による実験のモデル図
（北川信一郎［69］）

　実験の目的の第二は，この電気現象が人体に及ぼす作用 ―― 生死，傷害など
―― を医学的に明らかにすることで，図 8-2 に示すように，ラット，マウス，ウ
サギ，犬などの動物に雷インパルス電圧を加え，心電計，血圧自記計，呼吸自
記計などの記録によって動物の反応を調べた．
　これらの実験的研究から，従来知られていなかった多くの知見が得られた．
その中で，人体への落雷を考察する上で，重要な結果を以下に述べる．
(1)　人体の皮膚は絶縁性で，1 cm$^2$ あたり 10 kΩ～100 kΩ の抵抗値をもつ．これ
　　に対し内部組織，血液，内臓，筋肉などは，導電性で皮膚の抵抗を除くと，

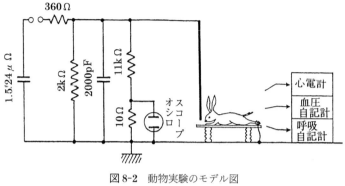

**図 8-2**　動物実験のモデル図
(北川信一郎[69])

頭から両足まで身長方向の抵抗は約 300 Ω である．波高値 1300 kV 以上の**雷インパルス電圧**を加えると，皮膚に相当する抵抗皮膜はもちろん，ビニールレインコート，ゴム長靴の絶縁効果は失われ，模擬人体は単に 300 Ω の導体として作用する．

　図 8-3 は，模擬放電実験の一例で，棒電極から等距離においた二つの模擬人体のうち，ビニールレインコートを着た模擬人体に放電が進展している．

(2)　模擬人体の表面，ウサギの体表では，空気中の針対針電極間の平均火花電界の約 2 分の 1 の電界（約 250 kV/m）で**沿面火花放電**（物体の表面を進展する放電）がおこる．図 8-4 は，この結論を導いた放電実験の一例で，頭上の棒電極に対し対称に置いた模擬人体のうち，背中に金属ジッパーを付けない模擬人体に放電が進展し，頭部に達した放電は，模擬人体面に沿って地表まで連続する沿面火花放電となっている．

(3)　雷インパルスを加えることによって，動物の体内で発生するエネルギー（電圧×電流の時間積分）が，一定値を超えると動物は死亡する．死因は，呼吸停止・心拍停止である．ウサギ，ラット，マウスなど体重の異なる動物について，死亡エネルギーレベル（多数の実験を行って，半数が生存し半数が死亡するエネルギー値）を計測すると，その値は，動物の体重に正確に比例する．体重の異なるいろいろな動物について死亡エネルギーレベルを計測し，その値を体重で割ると，動物に共通する常数が得られる．多数の実験を行い，体重 1 kg あたりの死亡エネルギーレベルとして (62.58±11.93) J/kg という

図8-3　レインコートを着た
模擬人体への放電

図8-4　模擬人体に発生した
連続する沿面火花放電

結果を得た.

(4)　落雷を受けた人体の皮膚面の所々に，**電紋**と呼ばれる羊歯の葉状に分岐した赤色斑点が生ずることがある．従来は成因が不明であったが，これは体表の所々に発生する部分的な沿面火花放電による熱傷の痕跡であることが，動物実験で確認された．

(5)　棒電極に対し，二つの模擬人体を対称に配置した実験では，頭部，胸部，腹部などに金属片を付けた模擬人体，付けない模擬人体どちらにも放電が進展した．図8-5は金属片を付けない模擬人体に放電が進展した例を示す．多数の実験を繰り返すと，放電回数は両者ほぼ同数となった．図8-6にみる模擬人体と棒電極の間隔を4mとした大規模な放電実験においても，頭部にヘアーピンを付けた模擬人体と付けない模擬人体への放電確率は等しく，頭部の小金属片が放電誘引作用を増大する効果は認められなかった．これに対し，

図8-5 金属片のない
模擬人体への放電

図8-6 空気間隙を4mにした模擬人体実験

図8-7の例のように，頭部から20cm以上，上方に突き出る棒状物体があると，放電は常に棒状物体を持つ模擬人体に進展した．この場合，棒状物体は，木製の杖のように絶縁物であっても放電を誘引する効果を発揮した．

図8-7 洋傘を持った模擬人体への放電

## 8.3 人体への落雷事故の調査

「人体への落雷の研究グループ」は，人体への落雷について，現地におもむき以下の項目について調査を行った．

(1) 落雷時の気象状況，落雷地点近傍の樹木，建物などの配置状況と損傷状況，周囲物体および地表における落雷の痕跡．

(2) 被害者の衣服，帽子，靴などの着用物の損傷状況，金属片その他携行物の有無とその損傷状況．

(3) 被害者の生死，症状，受けた医療とその経過，死亡の場合は検屍報告書の内容.

研究グループは，1965年7月から1998年10月までの33年間にわたる調査によって，合計70落雷について調査データを集積し，これを模擬実験結果と対比して検討し，人体への落雷の実態とその本質の解明を行った.

表8-1に，落雷事故の分類と各グループごとの死亡者，重傷者，中等傷者，軽傷者の数を示す．70落雷中，38は直撃事故を，20落雷は側撃事故(側撃については8.4節(9), p112参照)をおこした．9落雷は，各落雷が複数の落雷点を生じ，多数の死亡者，重傷者を出すという特徴が共通するので，**多点落雷**と名付けて第三グループとし，屋内人体に傷害をおこした落雷を第四グループとした.

死因は，動物実験と同じく呼吸停止，心拍停止と診断された．ここに**重傷者**とは，意識喪失15分以上で数週間の入院加療を要したもので，体表に熱傷を伴うものが多かったが，熱傷そのものは2度以下の軽微なものであった．追跡調査によると，重傷者は3例を除き後遺症なしに治癒した.

意識障害はなく，入院1週間ほどで回復したものを**中等傷者**，入院1～2日で回復したもの，外来治療で治癒したもの，あるいは医療を要しなかったものを**軽傷者**とした．軽傷者の症状は，火傷，外傷，一過性の痛み，シビレ，麻痺，難聴，耳鳴りなどであった.

表8-1 落雷事故の分類と被害者数

| | 落雷数 | 死亡者数 | 重傷者数 | 中等傷者数 | 軽傷者数 | 被害者合計 |
|---|---|---|---|---|---|---|
| 直撃落雷 | 38 | 28 | 10 | 3 | 45 | 86 |
| 側撃事故 | 20 | 18 | 11 | 6 | 53 | 88 |
| 多点落雷 | 9 | 9 | 6 | 8 | 54 | 77 |
| 屋内傷害 | 3 | 0 | 0 | 0 | 3 | 3 |
| 合計 | 70 | 55 | 27 | 17 | 155 | 254 |

## 8.4 人体への落雷の特性

実地調査と模擬実験の結果を総合し，人体への落雷の特性は，以下の11項目

にまとめられる．

(1)　皮膚，衣服，レインコート，ゴム長靴などはすべて落雷電流を阻止する絶
　　縁効果はなく，人体は落雷に対しては約 300 Ω の導体として作用する．

(2)　人体表面では，空気中の針対針電極間の放電をおこす電界の 2 分の 1 程度，
　　約 250 kV/m の電界で沿面火花放電が発生する．人体における落雷電流は，モ
　　デル的に図 8-8 の三つのステージによって説明される．図(a)に示す第 1 ス
　　テージは電流値の低い期間で，全電流が体内を通過する．電流値が増加する
　　と，図(b)の第 2 ステージに移り部分沿面火花放電が発生する．実際には体表
　　のいろいろな部分に多数の部分沿面火花放電が発生する．大多数の落雷はこ
　　のステージで終わり，被害者は死亡する確率が高い（直撃被害者の死亡率は
　　74％）．場合によっては第 1 ステージから図(c)に示す第 3 ステージに移行
　　し，頭部から地表まで連続する沿面火花放電が発生することがある．このス
　　テージでは全電流に対する体内電流の比率が減少し，被害者は死亡を免れる
　　ことが多い（直撃被害者の生存者の大多数が，これに該当する）．

(3)　**沿面火花放電**は火傷，電紋を生ずるがこれらは体表の浅い熱傷で容易に治
　　癒する．

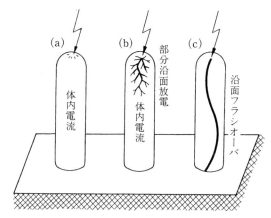

図 8-8　人体への落雷の三つのステージを示すモデル図
　　　　（北川信一郎[69]）
　　　　(a)全電流が体内を流れる．
　　　　(b)体内電流に加え体表に部分沿面火花放電がおこる．
　　　　(c)体内電流と連続する沿面火花放電の電流が並列に流れる．

(4) 死亡は体内を流れる伝導電流によるエネルギー（電圧×電流の時間積分）が体重に対して一定値を超えるときにおこり，死因は主として呼吸停止・心拍停止で，これに脳機能の障害が加わることがある．また体内伝導電流は，意識喪失，意識錯乱，シビレ，麻痺，痛み，運動障害などをおこすことがあるが，これらの傷害は，時間の経過とともに治癒し，後遺症となる場合は稀である．

(5) 身体に付け，あるいは携帯する金属片があると，その周辺に**沿面火花放電**が発生し熱傷を生ずるが，体内電流は減少する結果となる．

(6) 落雷を誘引するのは人体が帯びる金属片ではなく，地上から突き出ている人体そのものである．直立姿勢はもとより，しゃがむあるいは腰を下ろす姿勢でも，直撃，側撃を受ける．身体より上方に高く突き出る物体があると金属，非金属にかかわらず人体が落雷を誘引する効果が増大する．

(7) 樹木，避雷針の付いていない高い建造物（ポール，煙突など）の近傍は，次の二つの理由で周囲に何もない平坦地より一層危険である．第一にこれらの物体は，人体より落雷を受けやすく，第二にこれらの物体に落雷すると側撃がおこり，落雷電流の主流が人体に移行する．

(8) —— **直撃事故の特徴** —— 直撃雷では死亡者あるいは意識を失う重傷者は，通常1名に限られ，近傍にいる人体は，たかだか軽傷をうける程度である．落雷あたりの死亡率は約74％であった（直撃落雷38回で，28名が死亡した）．

(9) —— **側撃事故の特徴** —— 樹木，テントのポールなどに落雷がおきるとき，その近傍にいると，人体への二次放電（側撃）が生じ，死亡，重傷という傷害を受ける．近傍にいる人数が増えると被害者数が増え，落雷あたりの死亡率は約90％であった(側撃事故20回で，18名が死亡した)．人体が，一次被雷物体から2m以上隔離していれば，軽傷あるいは無傷害となる．

(10) —— **落雷に伴う二次傷害** —— 落雷によって地表を流れる伝導電流は，傷害をおこすが死亡・重傷にはならない．落雷によって地表に**沿面火花放電**がおきるとき，この火花放電路上にいると，熱傷，運動障害などをおこすことがあるが，一過性で治癒する．

(11) —— **多点落雷** —— 落雷事故の約13％（70落雷中の9落雷）は，人体を含む

多点落雷となり，一落雷で複数の死亡者，重傷者を出す．

# 8.5 安全対策上注目すべき事項

人体への落雷の特性が以上のように判明したが，安全対策をたてるには，雷雲や落雷の特性にも目を向ける必要がある．今日得られている研究成果をふまえ，以下に安全に関する問題を考察する．

### 8.5.1 雷雲の発生・移動

雷雲発生の条件は 4.2 節で述べた．一般に雷は夏に多いが，日本海沿岸では晩秋から冬にかけてしばしばおこる．また季節を問わず，前線が通過するとき，台風や低気圧が接近するときにしばしば雷がおこる．

雷雲は，発達，成熟，減衰という経過をとり，各期の継続時間は 15 分程度で，発達期の後期には，地表の降雨に先立って放電活動が始まる．**入道雲（雄大積雲）** がもくもくと発達するのが目視されると，数分後には落雷が発生する可能性が高い．また移動する雷雲の速度は，時速 10 km〜40 km 程度であるから，いつ雷雲が頭上に来襲するか？　空模様から正確な予測をすることは難しい．

### 8.5.2 雷はどこに落ちるか？

雷は高い物体に落ちるといわれるが，田畑，運動場，海面など平坦な場所にもしばしば落ちる．最初に空気の絶縁を破壊して進展するステップトリーダは，20 m〜50 m おきにステップを踏んで進行することを 6.6 節で述べた．ステップトリーダが地表に達する最終ステップでは，地表からも上昇リーダが発進し，両者が大気中で結合するとリターンストロークが始まる．最終ステップと上昇リーダを合計した距離を**雷撃距離（striking distance）**と呼ぶ．ステップトリーダが最終ステップを発進する直前の位置にきたとき，**雷撃距離**を半径とする球内に，避雷針，高い建造物，樹木などの先端があると雷はここに落ちる．

高いものがなくても雷は落ちること，屋外の人体は，同じサイズの金属像と同様に落雷を誘引することは，安全対策上とくに注目しなければならない．

### 8.5.3　落雷点はどのように移動するか？

　今日では，6.12節で述べたように，落雷位置標定システムが，実用化されているので，この問に対しては高い精度で答えることができる．関東地方では，図6-13（p 89）に示されるように，IMPACTと呼ばれるセンサーを備えた6局のシステムが稼働していて，±500mという精度で落雷点の標定が行われているので，このシステムで標定された落雷点の移動を調べてみよう．1997年8月3日奥多摩地方で雷雲が発生し2時間雷活動を続けた．落雷点は図8-9にみるように，全般的には雷雲とともに移動したが，個々の落雷点は，図8-10にみるように不規則に位置を変えている．このような標定結果が多数得られているので，高橋貞夫，杉田明子，北川信一郎[71]は，1996-1997年の2年間のデータについて統計を行った．**相つぐ落雷点の移動距離（skip distance）**は，図8-11の頻度分布ダイヤグラムで示されるように，広い範囲にわたっている．最も頻繁におこる移動距離は3〜6kmであるが，移動距離が14kmになることもあり，その発生確率は2%である．この確率がゼロでないことは，安全対策を考える上

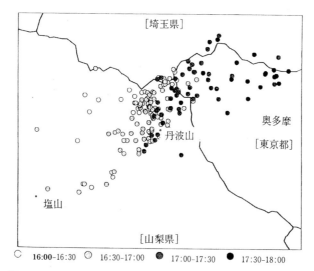

**図8-9**　雷雲の移動に伴う落雷点の移動（1997年8月3日の雷雨）
　　　　（高橋貞夫等[71]）

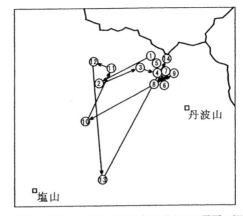

**図 8-10**　時刻順の落雷点の移動（1997 年 8 月 3 日の雷雨の初期 30 分）
（高橋貞夫等[71]）

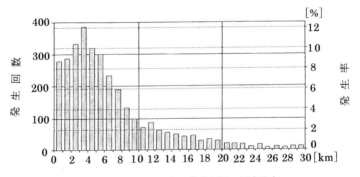

**図 8-11**　相つぐ落雷点の移動距離の頻度分布
（高橋貞夫等[71]）

で重要である．雷鳴の可聴距離は，通常約 14 km である．電光・雷鳴の時間差
で，雷雲の距離が推定できるといわれているが，かすかでも雷鳴が聞こえると
き観測者は，雷放電から約 14 km の距離にいる．14 km 離れた位置に次の雷が
落ちる確率は 2 % であるから，観測者はすでに危険範囲内にいることになる．
雷鳴が聞こえたらただちに安全な空間に避難しなければならない．

　落雷は降雨に先だっておこることがあり，減衰期末期の雷雲でもしばしばお
こる．相つぐ落雷の時間間隔は，高橋貞夫等[71]の統計によると，ゼロから 10 分
程度まで広い範囲に分布し，15〜16 秒の間隔が最も頻繁におこる．

### 8.5.4　避雷針の保護作用

建築基準法，火薬取締法などで，高さ 20 m 以上の建物には JIS 規格（日本標準規格）の避雷針を設置することが規定されている．この JIS 規格は，保護角で避雷針の保護空間を規定している．**保護角 45 度**というのは，避雷針の先端を頂点とし鉛直線と 45 度の角度をなす円錐の内部は，直撃から保護されるという意味である．法律では，一般建築物は，60 度の保護角内に入るように避雷針を設け，火薬庫，ガソリン貯蔵建物などは，45 度の保護角内に入るように避雷針を設けることが規定されている．ところが，8.5.2 項で述べたように，避雷針は，その先端を中心とし**雷撃距離** (striking distance) を半径とする球内に，ステップトリーダの先端が入ってくる落雷を吸引して，その雷撃電流を安全に大地に流すという働きをする．したがって避雷針の保護空間は，単純に保護角によって規定することはできない．JIS 規格は，**雷撃距離**の問題が判明する以前に制定されたもので，安全な**保護空間**を得るには，次のように規定を補正することが必要となる．

(1)　避雷針の高さが 30 m 以下のときは，45 度の保護角が適用できる．

(2)　避雷針の高さが 30 m を超えるときは，避雷針の高さにかかわらず，避雷針直下点から半径 30 m の円内が保護空間となる．

　　**雷撃距離**は，落雷電流の**波高値（ピーク値）**に依存し，落雷ごとに異なる値をとり，その範囲は 20 m から 200 m にわたる．ここでは安全性を考慮し，比較的短い 30 m という値に基づいて保護空間を補正した．

## 8.6　落雷に対する安全対策

　いろいろな場合に応じた安全法，注意事項は，日本大気電気学会刊行の「雷から身を守るには―安全対策 Q&A―改訂版」[70]を参照いただきたい．ここでは基本的な安全法を述べる．

　人体は同じサイズの金属像と同様に落雷を誘引し，絶縁物は落雷を阻止する効果はないので，直撃を免れるには，導体で囲まれ，落雷が侵入しない空間（以後**安全空間**と呼ぶこととする）に入ることである．安全空間から遠く離れた場

所，すなわち人家・市街から遠く離れた平地，海岸，ハイキングコース，登山コースなどでは，落雷を受ける確率が高く，有効な安全手段をとることができないので，これらの場所からは，雷雨が近づく以前に，できるだけ早く離脱していなければならない．

　以下に，色々な状況下で実行すべき安全法を列挙する．

(1)　導体で囲まれた**安全空間**，実際には自動車（無蓋車は不可）バス，列車，コンクリート建築の内部に入る．木造建物内部も通常の落雷に対しては安全空間となる．屋内では，電灯線，電話線，接地線これらに接続されたすべての電気器具から 1 m 以上離れ，電話器，ファクスは使用しない．屋外アンテナに接続されたテレビ，無線機などからは 2 m 以上離れる．

(2)　これにつぐ安全法は，8.5.4 項で述べた**避雷針の保護空間**に入ることであるが，保護空間の安全確率は 100 ％ ではないから，ここに長時間留まることなく，放電活動の様子をみはからって(1)の**安全空間**に移ることである．

(3)　屋外は危険であるから，かすかでも雷鳴が聞こえたらただちに(1)の**安全空間**に避難する．安全空間に入るまでには次のような応急措置をとる．

(a)　高い物体，樹木からできるだけ離れて，姿勢を低くし，雷が激しいときは両手の指で耳穴を塞ぎ，放電活動が弱まるのを待つ．

(b)　送電線，配電線の最上部には架空地線が張ってあるので，これを 45 度以上の角度で見上げるベルト地帯を通って安全空間に避難する．架空地線の高さが 30 m 以上の時は架空地線の真下から左右 30 m の幅のベルト地帯を通って避難する(ベルト地帯では架空地線の真下が最も安全性が高い)．

(4)　屋外では絶えず気象の変化に注意し，次のような雷雲接近の兆候を認めたら早めに安全空間に避難する．

(a)　**雷鳴**が聞こえる．

(b)　**入道雲（雄大積雲）**がもくもくと成長する ．

(c)　上空が暗雲で覆われる．

(d)　携帯ラジオ・無線受信機の雑音が強く連続的になる（FM 放送を受信するときは雷からの雑音は入らない）．

(e)　突風が吹き寄せる（雷雲の前方には陣風と呼ばれる地表風が吹き出す）．

(f)　大粒の雨あるいはあられが降り出す．

⑸　屋外スポーツ中は，スポーツ審判員とは別に，気象監視員を設ける．

⑹　天気予報に注目し，雷雨注意報がでているときは，すべての屋外行事をとりやめ，登山，ハイキングには出かけないようにする．

⑺　屋外行事一般を計画するときは気象情報に注目し，雷雨に遭遇しないよう配慮する．

　落雷で倒れた人が出たら，呼吸・脈拍を調べ，停止しているときは，ただちに**心肺蘇生法**（人工呼吸，心臓マッサージを交互に行う）を施し，回復するまで続ける．4分以内に呼吸，心拍が回復すれば，助かる確率が高い．呼吸・脈拍はあるが意識を失っているときは，仰向けに寝かせ，肩の下に10 cm くらいの枕をあて，頭を下げ気道を広げて救急車を待つ．

　人工呼吸，心臓マッサージを併用する**心肺蘇生法**については，丸善株式会社が「一人で行う心肺蘇生法のすすめ」と題するビデオカセットを発売している．訓練用人形を使用する講習会については，最寄りの消防署に問い合わせると情報が得られる．

第**9**章

# 雷の人工制御

## 9.1 ロケット誘雷

　人工降雨など気象を人工で制御しようとする試みは，いまだ実用の段階には達していない．これに対し雷放電を制御する問題は，実用化され雷研究の発展に貢献している．

　1967年，アメリカのニューマン (M.M. Newman)[72]は，メキシコ湾で船上から雷雲に向けてワイヤー付きロケットを打ち上げ，落雷を船に導くことに成功した．イベール(P. Hubert)[73]を指導者とするフランスの科学者グループは，1973年より標高1100mのオーベルニュ山中で，組織的にこのタイプの実験を行い，6年間に76回ロケットへの誘雷に成功した．彼らは，ロケットが引き上げるワイヤーに各種の計測器を接続して，雷放電機構の解明に寄与する多くのデータを収得するという成果を挙げた．その後，彼らは，ニューメキシコ，フロリダでアメリカの科学者と協力して，さらにその成果を拡大する誘雷実験を実施している．

　わが国では，1977年，金沢市に近い河北潟干拓地で，冬季雷の誘雷に成功し，名古屋大学工学部，名古屋工業大学，中部大学，豊田工業高等専門学校，石川工業高等専門学校などが協力して，冬季雷について実験を継続している[74]．

　河北潟干拓地では，1985年までに71回誘雷に成功し(成功率67%)，冬季落雷の諸特性を明らかにするデータを収集した．また，動物を乗せた自動車および模擬人体への誘雷で，自動車の安全性を確め，模擬人体の誘雷特性を確認した．(図9-1は乗用車への誘雷を示す)．

図 9-1 自動車へのロケット誘雷
（ロケット誘雷グループ提供）

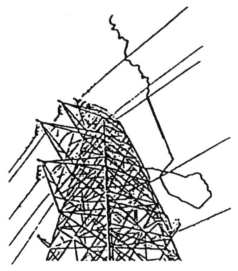

図 9-2 送電鉄塔へのロケット誘雷のスケッチ
（若松勝寿，堀井憲爾[39]）
　　　放電路の直線部分は，ロケットが引き揚げたワイヤーに沿っていて，比較的太い部
　　　分はスチールワイヤーに，細い部分はナイロンワイヤーに対応する．

　1986年からは奥獅子吼高原（標高930m）にある北陸電力の試験送電鉄塔の近傍に発射点を移し，打ち上げたロケットから高さ60mの送電鉄塔に落雷を誘導する技術を発展させ，1997年までに81回誘雷に成功し，送電系統を落雷から守る有効なデータを収録した[60]．図9-2は，送電鉄塔への誘雷の一例をスケッチしたものである[39]．

## 9.2　レーザ誘雷

　光共振器によって光領域の電磁波を発振する装置，あるいは発振された電磁波をレーザという．強いレーザビームを照射して，空気をプラズマ化すると大気中に導電路を形成することができる．この導電路をロケットワイヤーの代わりにして，落雷を特定点に誘導することが可能である．レーザ研究は多くの大学で行われ，大阪大学工学部，電力中央研究所では，レーザによって落雷を誘導する模擬実験が行われている．

　図9-3は，この実験のモデル図で，レーザによってプラズマ化された導電路に雷インパルスを加え，接地塔に達する長い放電路を形成しようとするものである[75]．発振器には炭酸ガス（$CO_2$）パルスレーザ（$CO_2$分子の共振を使う光共振レーザ）が用いられた．図9-4は実験で形成された放電路を示す[75]．

　大阪大学では，福井県美浜町早瀬地区にある標高190mの高台に，高さ50mの接地鉄塔を設け，2台のレーザ発振器から接地鉄塔頂をかすめるレーザビー

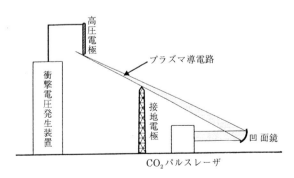

**図9-3**　レーザ誘雷実験のモデル図
(三木 恵，和田 淳[75])

ムを照射し，落雷誘導の機会を待機している．

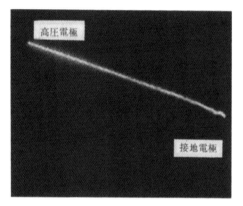

図**9-4**　レーザプラズマに沿った火花放電
（三木 恵，和田 淳[75]）

第 **10** 章

# 火山雷, 火事雷, 核爆発による雷

## 10.1 火 山 雷

　火山の激しい爆発のときにその噴煙の中や周辺で電光放電がおきることはよく知られていて，これには「火山雷」という名称が与えられている．1963年11月14日から，アイスランド島の南岸の海中で，1ケ月に及ぶ激しい火山の噴火活動がおこり，約10日間で長さ1kmに及ぶ島が出現した．図10-1は，12月1日の夜，90秒の露出で撮影された電光で，この短時間に，多数の電光が出現し

図**10-1**　スルツェイ火山の噴火に伴う電光
（ユーマン[5]，p27）

ている[76]．

　雷雲の電光は，直径 10 km に及ぶ広い範囲に不規則な時間間隔で発生するのに対し，火山雷の電光は，短い時間間隔でおこり，発生位置は噴煙とその近傍に限られる．また噴煙が濃密な黒い火山灰からなるところでは，電光は噴煙の穴または薄い所をとおして光の斑点になってみえるに過ぎない．雷鳴は，ごろごろと長引かず短い．

　わが国でも火山雷の発生例は少なくない．1977〜1978 年，有珠山の噴火活動，2000 年 9 月，三宅島雄山の噴火等で観測されている．

## 10.2　火　事　雷

　都市の大火事によって対流雲が発生し，その中で電光放電がおこることがあり，火事雷と呼ばれる．1923 年 9 月 1 日の関東大地震のとき東京の大火では，雷鳴が聞かれ，弱いながら降雨が観測された．

　1945 年の初頭から 8 月の終戦まで，日本の多くの都市は，米空軍の焼夷弾による爆撃を受け，その大火で雷雲が発生した事例がある．その著しい例は，8 月 6 日の広島の原爆である．原爆の炸裂に伴って雷雲が発生し，いわゆる黒い雨が降った．降雨域は市の北西地域に広がり，南北 35 km，東西 25 km に及んだ．地域によっては激しい降雨が 1 時間以上継続した．雷鳴は 10〜11 時の降雨中とその後に聞かれ，強いものは爆心点から 21 km 離れたところまで聞こえた．

　雨水は黒色の泥雨で，天空は日蝕時のように暗黒になった．雨水に含まれる黒塵灰は，人体に脱毛，下痢などの症状をおこし，魚類の斃死，浮上がみられた．広島市北西の降雨域の土地には，2〜3 月後まで異常に強い放射能が残存した．この黒い雨の効果をみても，原爆の怖しさの一端がうかがわれる．

　このときの雷雲は，原爆炸裂による上昇気流と投下後の火災による上昇気流の両者がともに作用して形成された．

## 10.3 核爆発による雷

図 10-2 は，1952 年 10 月 13 日エニエトック島で行われた水爆実験の写真で，核爆発の巨大火球の周囲に五つの電光がみられた．核爆発によって大気中に大量の負電荷が放出され，長さ数キロメータに及ぶリーダ上昇型の雷放電が発生したことが判明している[77]．

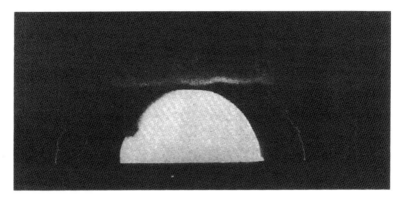

**図 10-2** 1952 年 10 月 13 日の水爆実験に伴って発生した五つの電光
（ユーマン[ 5 ]，p 28)

第 **11** 章

# 惑星における雷

## 11.1 太 陽 系

　地球は太陽の周囲をまわる惑星の一つである．図 11-1 は，太陽系の見取り図を示す．太陽に近いものから，水星，金星，地球，火星，木星，土星，天王星，海王星が，ほぼ同一面上で太陽を回り，一番外側の冥王星は，この面とは一定の角度をもつ軌道で太陽をまわる．水星，金星，地球，火星は内惑星あるいは地球型惑星と呼ばれ，木星，土星，天王星，海王星は外惑星あるいは巨大惑星と呼ばれる．地球は月という 1 個の衛星をもち，木星は，大小合わせて 13 個の衛星をもち，このうちの 4 個は比較的大きく月とほぼ同サイズである．土星のリングは多数の小衛星の集合体であり，土星はこれに加え 17 の衛星をもつ．

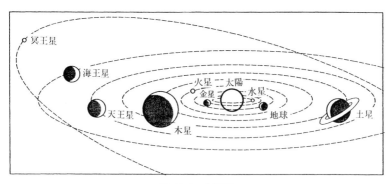

図 11-1　太陽系

## 11.2 惑星における雷の可能性

通常の雷の電荷は，あられと過冷却水滴が共存する雲中で分離される．しかし，第 10 章で述べたように，大気中でこれ以外の粒子の激しい上昇・下降運動がおこると，電荷が分離され，大規模な火花放電が発生するので，これらの惑星でも雷がおこる可能性がある．雷（電光放電）は，光を発生し，同時に特有の電磁波を放射するので，人工衛星に搭載した光センサー，電磁波センサーによって検出することができる．水星から天王星までは，探査衛星が送られているので，雷放電発生の有無を調べることができる．今日までの探査結果から，金星，木星，土星，天王星には，雷発生の可能性が認められている[78].

## 11.3 雷が発生する惑星

金星には最も多数の探査衛星が送られている．金星は，地球とほぼ同じ大きさで，表面は固体で，取り巻く気層の状況も地球に類似している．放電によると考えられる電磁波が観測され，対応する発光も観測されている．しかし，金星の固体面における気圧は，地球大気圧の約 100 倍で，火花放電は非常におこり難いので，観測された現象が，雷放電によるものか，異なる起源によるものかいまだ確定されていない．

木星は最大の惑星で半径は地球の約 11 倍である．固体表面はなく，水素約 90 ％ からなる大気は黒色・白色に観測される合計 10 層からなる．白色層は上昇気流，黒色層は下降気流からなり，気層の下層は液層となっている．地球上では，雷によって放射される電磁波が，地球磁界に沿って伝搬し，ホイッスラー空電と呼ばれる特有の周波数分布をもつ電磁波となる．木星の衛星探査において，このホイッスラー空電と同じ特性の電磁波が受信され，同時にその発生源の発光が観測されている．木星大気中では，大規模な火花放電発生の確率が高いので，雷（電光放電）の発生は確実と考えられている．

土星，天王星の衛星探査においても，雷に対応すると考えられる電磁波が観測されているが，対応する発光の観測が明確になっていないので，雷発生の確認には至っていない．

第 **12** 章

# 地球と電離層間の電荷の循環

## 12.1 晴天静穏時の大気電界

地表大気電界は，曇天，降雨，強風など気象状況に応じて，振幅の大きい正負の変化をするが，晴天無風のときは，鉛直下向き約 100 V/m を中心として，一定した変化パターンを示す．3.3 節 (p 15) で，地球を取り囲む電離層は正に帯電し，地表にはこれに対応して負の面電荷が誘導され，この電荷分布が**晴天静穏時の大気電界**を形成することを述べた．

静穏時の大気電界は一定の日変化を示し，その変化パターンは陸上型と海洋型に大別される．陸上型は，**地方時**に依存し，図 12-1 にみるように，午前と午後に極大値があらわれる二山型パターンとなる．

これに対して海洋型の大気電界は**世界時（UT）**に依存し，03:00 UT 頃に最

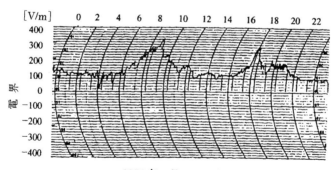

1976 年 9 月 5 日　京都

図 **12-1**　京都市における静穏時電界の日変化
（小川俊雄[79]）

小，19:00UT頃に最大となる一山型のパターンとなる．海洋型晴天静穏時電界
は，内陸から離れ，粉塵やエーロゾルを含む陸上大気の影響を受けない海洋上
で観測される．図12-2(a)は，観測船カーネギー号による全海洋上での観測の平
均カーブおよび観測船モード号による北極海での観測の平均カーブを示す．

　図12-2(b)は，同じUT時間軸で，全世界で雷雲が占める合計面積を示す[80]．
雷雲の面積は雷鳴が聞こえる面積（雷鳴可聴面積）であらわすことができる．
図(b)に示すように，アジア・オーストラリア，欧州・アフリカ，南北アメリカ
それぞれの雷鳴可聴面積の日変化を合成することによって全世界の雷鳴可聴面
積の日変化が得られる．図(a)，(b)を比較すると海洋型晴天静穏時電界と地球
全表面の雷鳴可聴面積は，03：00UT頃に最小値，19：00UT頃に最大値をも
つという共通した日変化パターンをもつことがわかる．

　海洋型の晴天静穏時電界が観測される海域では，大気中に有効な空間電荷は
存在しないので，地表電界は電離層の電荷分布で決まる．電離層は正電荷が卓
越するので地球に対し正電位となり，その値は300kVと推定されている．図

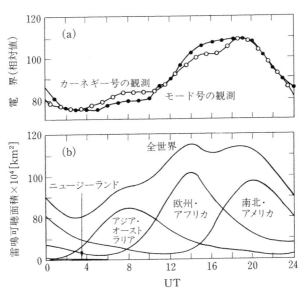

図 **12-2**　(a)海洋型の晴天静穏時電界の日変化
　　　　　(b)全世界の雷鳴可聴面積の日変化
　　　　　(ホイップルとスクレーズ[80])

(a)，(b)は，電離層電位が，300kV を中心にして変化し，その日変化は全世界の雷鳴可聴面積の日変化にほぼ平行していることを示している．

## 12.2 空地電流

地球の周囲には鉛直方向に大気電界 $E$ [V/m]があり，また大気は，極めてわずかであるがゼロではない導電率 $\lambda$ [S/m] をもっているから，大気中には $i=\lambda E$ [A/m²]で与えられる伝導電流が流れる．これを空地電流と呼ぶ．空地電

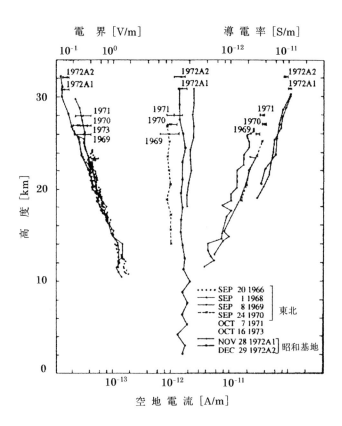

図12-3 晴天静穏時海洋上の大気電気要素の高度分布　左から電界，空地電流，導電率
（観測は東北地方の綾里および南極昭和基地で行われた）
（小川俊雄等[81]）

流は電界の方向に流れ，電界に垂直な $1\mathrm{m}^2$ あたりの電流であらわされ，単位は $\mathrm{A/m}^2$ である．

図 12-3 は，晴天静穏時の大気電気諸要素の高度分布を示す[81]．高度が増すにつれ導電率は増加するが，電界は減少するので，空地電流（導電率×電界）は一定値をとり，この値は地表から電離層下面まで維持される．晴天静穏時の海洋上では電離層から地表まで連続した空地電流が流れ，正電荷が地球に向かって流入する．雲とくに降水雲，雷雲中には，高い密度の空間電荷が分布するので，その中の電界分布は非常に複雑になる．これに対応して空地電流の分布も複雑になり，加えて降水粒子が運ぶ電荷の移動，地表の尖端コロナ放電で発生する電荷の移動，落雷による雷雲電荷の大地への流入などがおこり，大気中での電荷の移動ははなはだ複雑な様相となる．

晴天静穏時海洋上の空地電流は極めて微弱であるが，今日の技術では直接測定が可能である．地表に絶縁した水平金属平板を設け，流入する電流を測定してその値を平板面積で割ればよい．また大気の導電率と大気電界を個別に測定して，その積を求める間接法によっても知ることができる．

世界各地で，多くの研究者によって直接法あるいは間接法によって晴天静穏時の空地電流が求められ，その範囲は $1.0\times10^{-12}\mathrm{A/m}^2 \sim 4.0\times10^{-12}\mathrm{A/m}^2$，平均値は $2\times10^{-12}\ \mathrm{A/m}^2$ という結果が得られている[82]．

## **12.3** 地球と電離層が形成する球殻コンデンサー

地表の晴天静穏時電界の代表値は $100\,\mathrm{V/m}$ であるから，地表の面電荷密度は，電磁気学の公式から $8.85\times10^{-10}\mathrm{C/m}^2$ となり，地表の全電荷は，これに地球の表面積 $5.1\times10^{14}\mathrm{m}^2$ をかけて $4.5\times10^5\mathrm{C}$（クーロン）となる．電離層は地球を取り囲み，地球表面と電離層下面は球殻コンデンサーを形成している．この球殻コンデンサーは電離層下面が正に，地球表面が負に充電されていて，充電電荷は $4.5\times10^5\mathrm{C}$（クーロン）である．両極間の電位差は $300\,\mathrm{kV}$（$3\times10^5\mathrm{V}$）と推定されているので，電磁気学の公式によって，この球殻コンデンサーの静電容量は（$4.5\times10^5\mathrm{C}$）÷（$3\times10^5\mathrm{V}$）＝$1.5\,\mathrm{F}$（ファラド）と推定される．

このコンデンサーの特徴は，電極間を充たす媒質が導電率ゼロでなく，微小

であるが有限の値をもち，12.2 節で述べた空地電流が流れていることである．空地電流は平均値で $2\times10^{-12}$A/m² であるから，地球全表面に流入する電流は，平均値で $2\times10^{-12}$A/m²$\times5.1\times10^{14}$m²$=1.02\times10^{3}$A となる．この電流は充電電荷を減少させる漏洩電流であるから，充電電荷は時間とともに減少し，電極間の電位差も減少し，およそ 5 分間で，電荷，電位差は 3 分の 1 に減少するはずである．ところが大気電界の観測が始まって以来，海洋型の晴天静穏時電界は平均値 100 V/m を維持し，電離層電位は平均値 300 kV に保たれている．したがって，地球・電離層間にはこの漏洩電流に拮抗する充電電流を流して，球殻コンデンサーの充電電荷を平均 $4.5\times10^{5}$C（クーロン）に維持する発電作用が存在しなければならない．次節で述べるように，地球全表面で活動する雷雲の電荷分離作用が，この発電作用を果たしている．

## **12.4** 地球電荷の保持（グローバルサーキット）

　晴天静穏時には，地表の負の面電荷を減少させる空地電流が流入することを述べたが，地表が雷雲や降水雲に覆われるとき，すなわち気象擾乱時には，地表電界は正あるいは負の 1000 V/m 以上になり，地表面の突起物尖端では尖端コロナ放電が発生し，地表にはコロナ電流が流入あるいは流出する．降水がおこると帯電した降水粒子が，差し引き正あるいは負の電荷を地表にもたらす．また雷雲が活動すると落雷によって多量の電荷が地表に運ばれる．多数の科学者が，これらの電荷移動による地表電荷の年間のバランスシートを求めている．その結果を総合すると，空地電流，降水電流は地表の負電荷を減少させ，尖端コロナ電流および落雷電流は，地表の負電荷を増大する方向となっている．雷雲は，尖端コロナ電流，降水電流，落雷電流によって，地表負電荷の増大に最も大きく貢献する．

　1950 年，ギッシとウエイト（O.H. Gish and G.R. Wait）[83]は，航空機で雷雲の上方を水平飛行して，大気電界と導電率の同時測定を行った．結果を図 12-4 に示す．測定された大気電界（A）の水平分布は，高度 6 km と 3 km にそれぞれ正負 39 C（クーロン）の点電荷をおいた電荷分布モデル（B）で説明できる．大気電界と導電率から伝導電流を計算すると，1 個の雷雲から約 0.5 A の

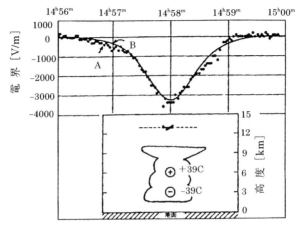

**図 12-4** 雷雲上方を水平飛行して測定した電界(A)と対応するモデル雷雲による電界(B)
(ギッシとウエイト[83])

電流が，大気上方に流れ電離層に供給されることが判明した．この結果による
と全地球上に 2000 個の雷雲が活動すれば，$1.02 \times 10^3$A と推定される漏洩電流
を完全に補償する充電電流が流れることになる．

　全世界の雷雲数は，全世界の雷鳴可聴面積に比例するので，図 12-2(b)
(p 129) に示されるように，03:00UT 頃に最小値，19:00UT 頃に最大値をも
つ日変化をしている．全世界の雷雲数が，2000 個を超えると充電電流が漏洩電
流を上回り，電離層電位は上昇する．反対に，2000 個より減少すると充電電流
が漏洩電流を下回り，電離層電位は下降する．晴天静穏時電界が，海洋型日変
化する海域では，電離層電位変化がそのまま地表電界変化となって観測され，
図 12-2(a) の観測結果となる．

　結局，地球全表面の雷雲の電荷分離作用が，地球全表面の晴天静穏域の空地
電流を相殺して電離層電位を維持し，平均 300kV と推定される電離層電位を
保持する．

　図 12-2(b)に示される全世界の雷鳴可聴面積の日変化曲線は，1936 年にまと
められた概略値であるが，近年気象衛星に搭載された電光センサの記録結果に
よってその正当性が確かめられている．また雷雲で分離された正電荷の電離層
への移動は，もっぱら伝導電流によると考えられていたが，落雷によっては雷

雲上層の成層圏，中間圏でブルージェットあるいはレッドスプライトと呼ばれる放電を伴うものがあり（6.1 節，p 66 参照），この放電電流も正電荷の電離層への移動に寄与することが判明した．

地球と電離層間の電荷の循環は，グローバルサーキット（global circuit）と呼ばれる．図 12-5 はこの電荷の環流を模式的に示す．1981 年，小川俊雄[79]は，地球表面と地球をとりかこむ磁気圏を含めた空間に，電磁気学の基礎方程式を適用して，電流分布の数値モデルを作成し，グローバルサーキットにおける電荷の循環を定量的に示した．

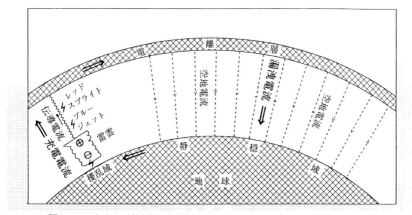

**図 12-5** 地球と電離層間の電荷循環のモデル図（グローバルサーキット）

# 参　考　文　献

[ 1 ]　首藤克彦：新聞報道による落雷被害，電気学会究会料資，ED-99-109〜131，
25-34（1999）

[ 2 ]　中谷宇吉郎：雷（岩波新書），岩波書店，東京（1939）―― 雷研究の発展をわ
かりやすく文化史的に記述している．

[ 3 ]　畠山久尚：雷の科学（再版），河出書房新社，東京（1973）―― 雷現象全般を
平易に解説している，科学的内容は 1973 年に止まっているが，「第 1 章　雷
の文化史」，「第 5 章　火山雷，火事雷，砂漠雷」には見るべきものがある．

[ 4 ]　Magono, C.: Thunderstorms, Elsevier Scientific Publishing Co.,
Amsterdam（1980）―― 雷雲の電荷生成の問題がとくに詳しく記述されてい
る．

[ 5 ]　Uman, M. A.: The Lightning Discharge, Academic Press Inc., New York
（1987）―― ゆきとどいた記述で雷放電全般を解説し，雷放電の各過程を詳し
く解説している．

[ 6 ]　北川信一郎，河崎善一郎，三浦和彦，道本光一郎：大気電気学，東海大学出
版会，東京（1996）―― 最近の成果を含め，大気電気学一般を記述している．
「第 3 章　イオンとエアロゾル」は，本書で説明を簡略化した大気イオンを
詳述している．各章は雷，雷雲の理解に役立つ基礎的な知識を記載している．

[ 7 ]　小倉義光：一般気象学（第 2 版），東京大学出版会，東京（1999）――気象学
全般を系統的に記述している．「第 3 章　大気の熱力学」「第 4 章　降水過程」
「第 8 章　メソスケールの気象」は，雷雲を理解するための基礎的な気象学
を解説している．

[ 8 ]　Koshak, W.J., and E.P. Krider: Analisys of lightning field changes during
active Florida thunderstorems, *J. Geophys. Res.*, **94**, No. D1, 1165-1186
（1989）

[ 9 ]　Krehbiel, P. R., M. Brook, R. L. Lhermitte, and C. L. Lennon: Lightning
charge structure in thunderstorms, Proceedings in Atmospheric Electric-
ity edited by L.H. Ruhnke and J. Latham, 408-410, A. Deepak Publishing,
Hampton, Virginia（1983）

[10]　Israël, H.: Atmospheric Electricity, Vol. 1, Translated from German,

Israel Program for Scientific Translation, Jerusalem, p.153 (1970)

[11] Byers, H.R., and R.R. Braham, Jr. : The Thunderstorm, U.S. Government Printing Office, Washington, D.C. (1949)

[12] Browning, K.A. : General circuration of middle latitude thunderstorm, Thunderstorms edited by E. Kessler, NOAA, Deptartment of Commerce, U.S.A., Washington D.C. 211-247 (1982)

[13] Fawbush, E.J., and R.C. Miller : A methode of forecasting hailstone size at the earth's surface, *Bull. Am. Meteor.* Soc., **34**, 235-244 (1953)

[14] Newton, C.W. : Sever Convective Storms, *Adv. Geophys.*, **12**, 257-308 (1967)

[15] 上田 博：ダウンバースト，天気，**43**，749-754 (1996)

[16] Williams, R.E. : The tripole structure of thunderstorms, *J. Geophys. Res.*, **94**, No. D11, 13151-13167 (1989)

[17] Michimoto, K. : A study of the charge distribution in winter thunderclouds by means of network recording of surface electric fields and radar observation of clouds structure in the Hokuriku District, *J. Atmos. Electr.*, Tokyo, **13**, 33-46 (1993)

[18] 北川信一郎：日本海沿岸の冬季雷雲の気象学的特徴，天気，**43**，89-99(1996)

[19] Simpson, G.C. : The mechanism of a thunderstorm, *Proc. Roy. Soc.*, Ser. A, **114**, 376-401 (1927)

[20] Lenard, P. : Über Wasserfallelektrizität und über die oberflächlichen Beschaffenheit der Flüssigkeiten, *Ann. Phys.*, Leipzig, **47**, 463-524 (1915)

[21] Wilson, C.T.R. : On some determinations of the sign and magnitude of electric charges in lightning flashes, *Proc. Roy. Soc.*, Ser. A, **92**, 555-574 (1916)

[22] Wilson, C.T.R. : Investigations on lightning discharges and on the electric field of thunderstorms, *Philos. Trans.*, Ser. A, **221**, 73-115 (1920)

[23] Wilson, C.T.R. : Some thundercloud problems, *J. Franklin Inst.*, **208**, 1-12 (1929)

[24] Simpson, G.C., and F.J. Scrase : The distribution of electricity in thunderclouds, *Proc. Roy. Soc.*, Ser. A, **161**, 309-352 (1937)

[25] Simpson, G.C., and G.D. Robinson : The distribution of electricity in thunderclouds II, *Proc. Roy. Soc.*, Ser. A, **177**, 281-329 (1941)

[26] Simpson, G.C. : The electricity of cloud and rain. *Quant. J. Roy. Meteor.*

*Soc.*, **68**, 1-34 (1942)

[27] Elster, J. and H. Geitel : Zur Influenztheorie der Niederschlagselektrizität, *Phys. Z.*, **14**, 1287-1292 (1913)

[28] Workman, E.J. and S.E. Reynolds : Electrical phenomena occurring during the freezing of dilute aqueous solutions and their possible relationship to thunderstorm electricity. *Phys. Rev.*, **78**, 254-259 (1950)

[29] Reynolds, S.E., M. Brook and M.F. Gourley : Thunderstorm charge separation, *J. Meteor.*, **14**, 426-436 (1957)

[30] Latham J. and B.J. Mason : Electric charge transfer associated with temperature gradients in ice, *Proc. Roy. Soc.*, Ser. A, **260**, 523-536 (1961)

[31] Latham J. and B.J. Mason : Generation of electric charge associated with the formation of soft hail in thunderclouds, *Proc. Roy. Soc.*, Ser. A, **260**, 537-549 (1961)

[32] Takahashi, T. : Riming electrification as a charge generation mechanism in thunderstorms, *J. Atoms. Sci.*, **35**, 1536-1548 (1978)

[33] Takahashi, T. : Thunderstorm electrification—a numerical study, *J. Atoms. Sci.*, **41**, 2541-2558 (1984)

[34] Gaskell, W., and A.J. Illingworth : Charge transfer accompanying individual collisions between ice particles and its role in thunderstorm electrification, *Quart. J. Roy. Meteor. Soc.*, **106**, 841-854 (1980)

[35] Jayarante, E.R., C.P.R. Saunders, and J. Hallet : Laboratory studies of the charging of softhail during ice crystal interactions, *Quart. J. Roy. Meteor. Soc.*, **109**, 609-630 (1983)

[36] Vonnegut, B. : Possible mechanism for the formation of thunderstorms electricity, *Bull. Am. Meteor. Soc.*, **34**, 378-381 (1953)

[37] 福西 浩 : 雷放電に伴う中間圏・電離圏の発光現象, 天気, **43**, 756-760 (1996)

[38] Few, A.A. : Lightning channel reconstruction from thunder measurements, *J. Geophys. Res.*, **75**, 7517-7523 (1970)

[39] 若松勝寿, 堀井憲爾 : ロケット誘雷による近距離雷鳴と雷放電路の再現, 電気学会論文誌B, **109**, 281-287 (1989)

[40] Walter, B. : Über die Entstehungsweise des Blitzes, *Ann. Phys.*, Lipzig, **10**, 393-407 (1903)

[41] Schonland, B.F.J. : The lightning discharge, Handbuch der Physik, Springer, Berlin, **22**, 576-628 (1956)

138  参考文献

[42] 三宅久仁彦他：新型雷放電進展様相自動観測装置の開発と雷観測結果，電力中央研究所報告，T 90031（1991）

[43] Kitagawa, N., M. Brook, and E.J. Workman : Continuing currents in cloud- to-ground lightning discharges, *J. Geophys. Res.*, **67**, 637-647 (1962)

[44] Kitagawa, N. : On the mechanism of cloud flash and Junction or final process in flash to ground, *Pap. Meter. Geophys.*, Tokyo, **7**, 417-424 (1957)

[45] Clarence N.D., and D.J. Malan : Preliminary discharge processes in lightning flashes to ground, *Quant. J. Roy. Meteor. Soc.*, **83**, 161-172 (1957)

[46] Malan D.J., and B.F.J. Schonland : The electrical processes in the intervals between the strokes of a lightning discharge, *Proc. Roy. Soc.*, Ser. A, **206**, 145-163 (1951)

[47] Brook, M., N. Kitagawa, and E.J. Workman : Quantitative study of strokes and continuing currents in lightning discharges to ground, *J. Geophys. Res.*, **67**, 649-659 (1962)

[48] Malan D.J., and B.F.J. Schonland : Progressive lightning Ⅶ, *Proc. Roy. Soc.*, Ser. A, **191**, 485-503 (1947)

[49] Idone, V.P., and R.E. Orville : Lightning return stroke velocities in the Thunderstorm Research International Program (TRIP), *J. Geophys. Res.*, **87**, 4903-4915 (1982)

[50] Lin, Y.T., M.A. Uman, and R.B. Standler : Lightning return stroke models, *J. Geophys, Res.*, **85**, 1571-1583 (1980)

[51] Berger, K., R.B. Anderson, and H. Kroninger : Parameters of lightning flashes, *Electra*, **80**, 23-37 (1975)

[52] Kitagawa, N., and M. Brook : A comparison of intracloud and cloud-to-ground lightning discharges, *J. Geophys. Res.*, **65**, 1189-1201 (1960)

[53] Ogawa, T., and M. Brook : The mechanism of intracloud lightning discharge, *J. Geophys. Res.*, **69**, 514-519 (1964)

[54] Kitagawa, N. : Long-term variations in thunder-day frequencies in Japan, *J. Geophys. Res.*, **94**, 13183-13189 (1989)

[55] 鈴木福宗，北条準一，河村達雄，石井 勝，船山龍之助，塩釜 誠：落雷位置標定システムによる雷活動と雷撃電流分布の解析，電気学会研究会資料，ED -86-120〜134，35-44（1986）

[56] Takeuti, T., and Nakano, M. : On lightning discharges in winter thunder-

storm, Electrical Processes in Atmospheres, edited by H. Dolezalek, and R. Reiter, Steinkopff, Darmstadt, Germany, 614-617 (1977)

[57] Takeuti, T., M. Nakano, M. Brook, D.J. Raymond, and P. Krehbiel : The anomalous winter thunderstorms of the Hokuriku Coast, *J. Geophys. Res.*, **83**, 2385-2394 (1978)

[58] Brook, M., M. Nakano, P. Krehbiel, and T. Takeuti : The electrical structure of the Hokuriku Winter Thunderstorms, *J. Geophys. Res.*, **87**, 1207-1215 (1982)

[59] 竹内利男, 仲野 黃：北陸における冬の雷の研究, 天気, **30**, 13-18 (1983)

[60] 堀井憲爾, 角 紳一：ロケット誘雷技術と観測データ, 気学会論文誌B, **117**, 441-445 (1997)

[61] Michimoto, K. : A study of radar echoes and their relation to lightning discharge of thunderclouds in the Hokuriku District, Part I : observation and analysis of thunderclouds in summer and winter, *J. Met. Soc. Japan*, **69**, 327-336 (1991)

[62] Michimoto, K. : A study of radar echoes and their relation to lightning discharge of thunderclouds in the Hokuriku District, Part II : observation and analysis of "single-flash" thunderclouds in midwinter, *J. Met. Soc. Japan*, **71**, 195-204 (1993)

[63] 道本光一郎：冬季雷の科学, コロナ社, 東京 (1998)

[64] Suzuki, T. : Long term observation of winter lightning on Japan Sea Coast, *Res. Lett. Atmos. Electr.*, Tokyo, **12**, 53-56 (1992)

[65] Turman, B.N. : Detection of lightning superbolts, *J. Geophys. Res.*, **82**, 2566 -2568 (1977)

[66] 耐雷技術ワーキンググループ：日本海沿岸における冬季雷性状, 電力中央研究所報告, T 10 (1989)

[67] Golde, R.H., and W.R. Lee : Death by lightning, *Proc. IEE.* **123**, No.10R, 1163-1180 (1976)

[68] 松本深志高等学校：西穂高岳落雷遭難事故調査報告書, 長野県松本深志高等学校, 長野県松本市 (1969)

[69] 北川信一郎：人体への落雷と安全対策, 天気, **39**, 189-198 (1992)

[70] 日本大気電気学会：雷から身を守るには―安全対策Q&A―改訂版, 日本大気電気学会事務局, 〒565-0871 吹田市山田丘2-1　大阪大学大学院通信工学専攻内, 河崎善一郎気付 (2001)

## 140　参考文献

[71] 高橋貞夫，杉田明子，北川信一郎：人体の安全対策に重要な落雷の二つの特性，電気学会研究会資料，ED-98-131〜150，31-36 (1998)

[72] Newman, M.M., J.R. Stahmann, J.D. Robb, E.A. Lewis, S.G. Martin, and S.V. Zinn : Triggered lightning strokes at very close range, *J. Geophys. Res.*, **72**, 4761-4764 (1967)

[73] Hubert, P. : Triggered lightning in France and New Mexico, *Endeavour*, **8**, 85-89 (1984)

[74] 堀井憲爾，宮地　巌：ロケットによる雷放電トリガの実験，電気学会雑誌 **98**，1160-1162 (1978)

[75] 三木　恵，和田　淳：レーザー誘雷の基礎実験，大気電気研究，No.45，51-52 (1994)

[76] Anderson, R., S. Bjornsson, D.C. Blanchard, S. Gathman, J. Hughes, S. Jonasson, C.B. Moore, H.J. Survilas, and B. Vonnegut : Electricity in volcanic clouds, *Science*, **148**, 1179-1189 (1965)

[77] Uman. M.A., D.F. Seacord, G.H. Price, and E.T. Pierce : Lightning induced by thermonuclear detonations, *J. Geophys. Res.*, **77**, 1591-1596 (1972)

[78] Rinnert, K. : Lightning on other planets, *J. Geophys. Res.*, **90**, 6225-6237 (1985)

[79] 小川俊雄：地球をとりまく大気電場，静電気学会誌，**5**，383-394 (1981)

[80] Whipple, F.J.W., and F.J. Scrase : Point discharge in the electric field of the earth, *Goephys. Mem.*, London, **68**, 1-20 (1936)

[81] Ogawa, T., Y. Tanaka, A. Huzita, and M. Yasuhara : Three-dimensional electric fields and currents in the stratosphere, Electrical Processes in Atmospheres, edited by H. Dolezalek, and R. Reiter, Steinkopff, Darmstadt, Germany, 552-556 (1977)

[82] Chalmers, J.A. : Atmospheric Electricity, Pergamon Press, Oxford, p300 (1967)

[83] Gish, O.H., and G.R. Wait : Thunderstorms and the earth's general electrification, *J. Geophys. Res.*, **55**, 473-484 (1950)

# さ　く　い　ん

サンダース　63
ジャランテ　63
ションランド　71, 75, 82, 83
シンプソン　54, 56
ターマン　102
ニュートン　45
ニューマン　119
バイヤス　37
ハレット　63
フォーブッシュ　41
ボンネガット　63
ブルック　52, 60, 83, 88
ブラウニング　40
ブラハム　37
ベルガー　85
マラン　80, 82, 83
ミラー　41
メーソン　61
ユーマン　5
ラーサム　61
リー　104
レイノルズ　59, 60

レナード　54
ワークマン　59, 72, 83
ワルター　71

上田　博　46
小川俊雄　88, 134
小倉義光　6
北川信一郎　51, 83, 87, 104
首藤克彦　4
杉田朋子　114
鈴木福宗　93
高橋貞夫　114
高橋　劭　61
竹内利雄　95, 100
中谷宇吉郎　5
仲野　薫　95, 100
畠山久尚　5
福西　浩　66
堀井憲爾　95
孫野長治　5
道本光一郎　51, 96

### 著 者 略 歴

北川　信一郎（きたがわ・のぶいちろう）

| | | |
|---|---|---|
| 生年月日 | 1919 年 1 月 15 日 | |
| 現　　職 | 中央防雷株式会社顧問 | |
| 学　　歴 | 1942 年 | 東京大学理学部物理学科卒業 |
| | 1958 年 | 理学博士（東京大学） |
| 職　　歴 | 1946 年 | 中央気象台研究部勤務，1947 年　勤務先は気象研究所となる |
| | 1958 年～1961 年　米国ニューメキシコ工科大学客員研究員 | |
| | 1961 年 | 気象研究所復職 |
| | 1969 年 | 埼玉大学工学部教授，電気工学科勤務 |
| | 1984 年 | 埼玉大学定年退職 |
| | 1986 年 | 東京家政大学文学部教授 |
| | 1989 年 | 東京家政大学定年退職 |
| | 1995 年 | 日本大気電気学会名誉会員 |
| | 1996 年 | 国際大気電気委員会名誉委員 |
| 受　　賞 | 1959 年 | 日本気象学会賞受賞 |
| | 1991 年 | 日本気象学会藤原賞受賞 |
| 専　　門 | 大気電気学，気象学，電気工学 | |
| 著　　書 | 「大気電気学」編著，1996 年　東海大学出版会刊行 | |

雷と雷雲の科学―雷から身を守るには―　　　　　© 北川信一郎　2001

2001 年 1 月 31 日　第 1 版第 1 刷発行　　　　【本書の無断転載を禁ず】
2002 年 9 月 30 日　第 1 版第 3 刷発行

著　　　者　北川信一郎
発 行 者　森北　肇
発 行 所　森北出版株式会社

　　　　　　東京都千代田区富士見 1-4-11（〒 102-0071）
　　　　　　電話 03-3265-8341／FAX 03-3264-8709
　　　　　　http://www.morikita.co.jp/
　　　　　　自然科学書協会・工学書協会　会員
　　　　　　**JCLS** ＜(株)日本著作出版権管理システム委託出版物＞

落丁・乱丁本はお取替えいたします　　　　印刷/太洋社・製本/協栄製本

**Printed in Japan／ISBN4-627-29081-0**

雷と雷雲の科学　［POD 版］　　　　　Ⓒ北川信一郎　*2001*

2020 年 9 月 18 日　　発行　　　　【本書の無断転載を禁ず】

著　　　者　北川信一郎

発 行 者　森北博巳

発 行 所　森北出版株式会社
　　　　　東京都千代田区富士見 1-4-11（〒102-0071）
　　　　　電話 03-3265-8341／FAX 03-3264-8709
　　　　　https://www.morikita.co.jp/

印刷・製本　大日本印刷株式会社

ISBN978-4-627-29089-1／Printed in Japan

JCOPY ＜（一社)出版者著作権管理機構　委託出版物＞